수질오염 방지기술

【 목 차 】

1장. 통합환경관리와 산업폐수 처리 ·································· 3
   1.1 통합환경관리 ·· 3
   1.2 최적가용기법 기반 배출 허가 및 배출영향 분석 ·············· 4

2장. 물리화학적 처리 원리 ·· 9
   2.1. 중력 침전 ··· 9
   2.2. 응집 ·· 11
   2.3. 화학침전 ·· 11
   2.4. 산화-환원 ··· 13
   2.5. 여과 ·· 14
   2.6. 막 여과 ·· 15
   2.7. 전기투석 ·· 18
   2.8. 흡착 ·· 19
   2.9. 이온교환 ·· 23
   2.10. 기체-액체 질량전달 ·· 25
   2.11. 산소전달 ··· 28
   2.12. 소독 ··· 37

3장. 물리화학적 처리 공정 ·· 39
   3.1. 유량 조정 ·· 39
   3.2. 침전 ·· 39
   3.3. 부상 ·· 41

3.4. 오존 및 고도산화 ·· 42
3.5. 활성탄 ·· 45
3.6. 표면여과 ··· 48
3.7. 막 여과 ··· 51
3.8. 탈기 ·· 55
3.9. 증류 ·· 58

4장 펄프·제지 업종 폐수 처리 ··· 61
  4.1. 펄프·제지 업종 공정 및 오염물질 발생 현황 ················ 61
  4.2. 펄프·제지 공정별 오염물질 발생 특성 ························ 64
  4.3. 펄프·제지 업종 최신 폐수처리 기술 ··························· 68

참고문헌 ·· 101

수질오염 방지기술

김상현 ◆ 著

1장. 통합환경관리와 산업폐수 처리

1.1. 통합환경관리

통합환경관리(integrated pollution prevention and control)는 사업장의 오염물질 배출시설을 대기, 수질 등 매체별로 관리하던 기존 방식에서 벗어나, 하나의 사업장 단위로 허가를 받고 통합적으로 관리하는 환경관리 방식을 의미한다. 과학과 합의에 근거한 선진적인 환경관리방식인 통합환경관리는 매체 개별적으로 관리하던 기존 정책의 비효율성과 비경제성을 인지한 선진 산업국가를 필두로, 현재 많은 국가에서 통합환경관리의 개념을 산업체 관련 오염시설 관리에 적용하고 있다. 우리나라도 2015년에 '환경오염시설의 통합관리에 관한 법률'을 제정하고, 2017년 1월부터 통합환경관리제도의 적용을 시작하고, 순차적으로 업종의 대상과 범위를 확대하고 있다.

유럽연합(EU)의 경우 1996년 9월 통합환경관리지침(IPPC Directive, Integrated Pollution Prevention and Control Directive)을 제정하였다. 이후 해당 지침은 기후변화 사안 등을 고려하여 여러 차례 개정되었고, 2008년 개정된 지침을 토대로 산업별로 시행하던 '대형연소시설지침', '폐기물소각지침', 'VOC 솔벤트지침', '이산화티타늄지침'을 통합한 산업시설의 통합오염예방 및 관리에 관한 유럽연합지침(IED, Directive 2010/75/EU on industrial Emissions)을 2010년에 제정하여, 본격적으로 통합환경관리제도를 집행하고 있다. IED는 배출영향평가를 통한 산업 활동의 전반적인 환경 영향 분석을 위한 통합적 접근, BREF(BAT REFerence document)라는 정보 교환을 통한 선진화된 환경관리를 위한 최적가용기법(Best available technique, BAT) 적용, 사업장의 산업 특성, 지리, 환경 여건 등을 고려한 유연한 배출한계값 적용, 인허가 절차에 대한 정보 공개를 통한 공공참여 기회 제공, 주기적인 현장방문을 통한 시설 환경 적정성 검사라는 허가 원칙을 제시하고 있으며, 이러한 요소들은 우리나라를 포함한 다양한 국가에서 통합환경관리를 적용하는데 활용되고 있다.

기존 매체별 관리방식 대비 통합환경관리의 잠재적 장점은 다음과 같다.
1) 매체 간 오염 떠돌이 현상 (폐수처리 시 폐기물 발생, 폐기물 처리 시 대기, 토양 오염 등으로 오염물질이 전달되는 현상)을 차단하기 용이하다.
2) 매체별 허가에 필요한 복잡한 절차와 불필요한 행정비용 지출을 줄일 수 있다.
3) 최적가용기법 기준서를 통해 환경기술의 발전을 반영한 합리적인 오염 배출 규제가 가능하다.

4) 배출영향분석에 기반하여 업종별, 사업장별로 차등화된 배출 기준 설정을 통해 환경개선 효과를 효율적으로 달성할 수 있다.

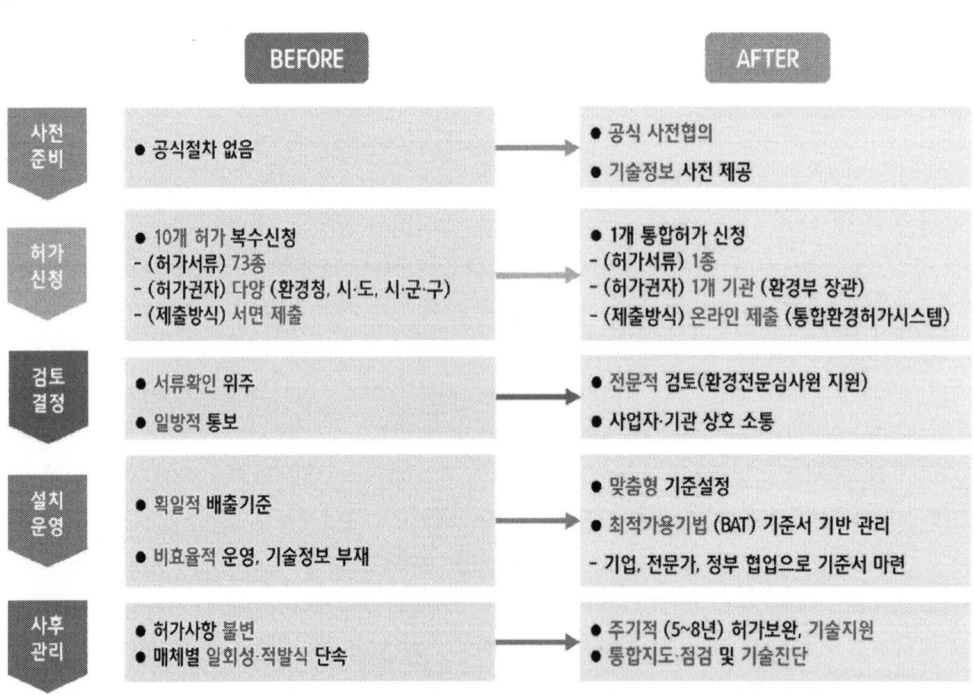

그림 1.1. 통합환경관리제도 도입 전·후 비교

1.2. 최적가용기법 기반 배출 허가 및 배출영향 분석

 최적가용기법(BAT, Best Available Techniques)은 오염물질 배출을 효과적으로 저감할 수 있고 현재 기술, 경제적으로 적용 가능한 환경관리 기법군의 총칭이다. IED에서는 BAT를 오염방지 기술 및 운영에 있어 가장 효과적이고 진보된 단계로서, 허가배출기준(ELV, Emission Limit Value)과 이를 달성하기 위해 설계된 기타 허가 조건의 근거를 제공하고, 만약 달성 불가능한 경우 전체적으로 배출 및 환경에 미치는 영향을 줄이기 위한 특정 기법의 실현 가능한 적합성을 의미한다"고 정의한다. '기법'에는 기술과 설비가 설계, 구축, 유지, 운영 및 폐기되는 방식을 모두 포함한다. '이용 가능한 기법'이란 운영자가 합리적으로 접근할 수 있는 한, 해당 회원국 내에서 기술을 사용하거나 생산하는지 여부에 관계없이 비용과 이

점을 고려하여 경제적 및 기술적으로 실행 가능한 조건에서 관련 산업 업종에서 구현할 수 있는 규모로 개발된 기술을 말한다. '최적'은 환경 전체를 전반적으로 높은 수준으로 보호하는 데 가장 효과적임을 의미한다.

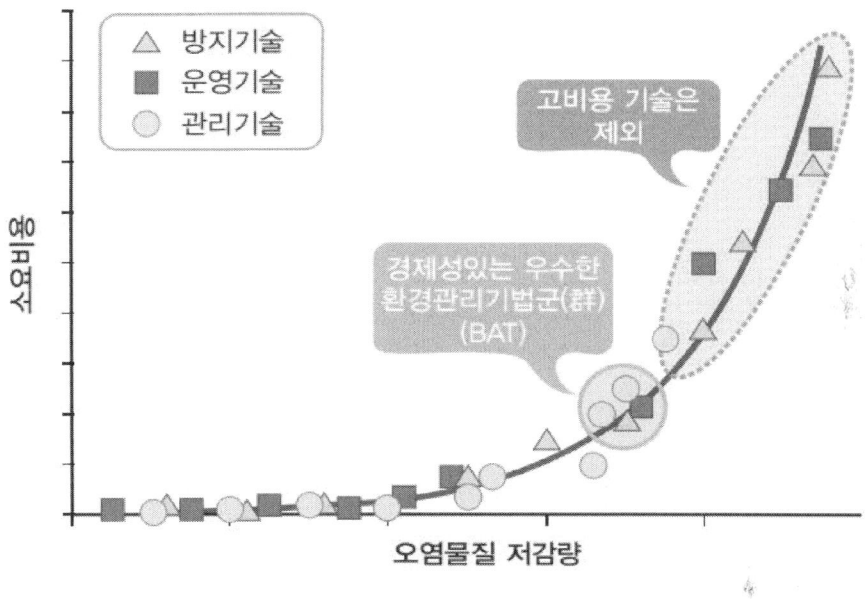

그림 1.2. 최적가용기법 개념

통합환경관리를 포함한 사업장 환경관리의 기본 원칙은 사업장이 환경에 미치는 영향을 최소화하거나 수용 가능한 수준 이내로 제어하는 것이다. 국내 통합환경관리제도에서는 배출시설에 대한 허가 또는 승인을 받기를 원하는 사업장에 대해 '배출영향분석의 방법 및 결과서의 작성 등에 관한 규정' 제3장에 따라 대상지역 정보, 기상 정보, 하천유량 정보, 5개 오염물질(대기오염물질, 수질오염물질, 악취, 소음 및 진동, 잔류성유기오염물질) 배출 정보를 토대로 기존오염도(BC, Background Concentration), 추가오염도(PC, Process Concentration), 총오염도(PEC, Predicted Environmental Concentration)를 분석하여 해당 사업장의 배출영향분석 결과서를 작성하도록 규정하고 있다.

※ 환경오염시설의 통합관리에 관한 법률 시행규칙 별표 4 [배출영향분석의 방법]

기존오염도 (BC)
- 배출영향분석 대상 배출시설 등을 설치·운영하기 전의 대상지역에서의 수질의 오염농도

※ 기존오염도 = BC(Background Concentration)

추가오염도 (PC)
- 배출영향분석 대상 배출시설 등의 설치·운영으로 인하여 배출되는 오염물질 등이 방류하천 등에 완전히 혼합되었을 때 방류하천 등에서의 오염농도의 증가량

※ 추가오염도 = PC(Process Contribution)

총 오염도 (PEC)
- 배출영향분석 대상 배출시설 등의 설치·운영으로 인하여 배출되는 오염물질 등이 방류하천 등에 완전히 혼합되었을 때 기존 오염도와 추가 오염도를 고려하여 산정한 총 오염농도

※ 총 오염도 = PEC(Predicted Environmental Concentration)

그림 1.3.-1. 수질오염물질의 배출영향분석 용어 정의

그림 1.3, 1.4에 국내에서 수질오염물질에 대한 오염도 산정 방법을 도시하였다.

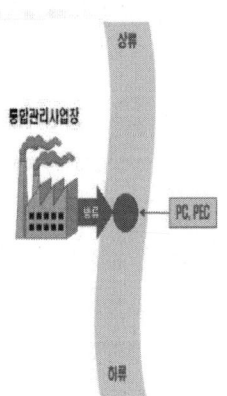

추가 오염도(PC) = 총 오염도(PEC) − 기존 오염도(BC)

※ 추가 오염도 = PC(Process Contribution)

$$총\ 오염도(PEC) = \frac{(하천유량 \times 기존\ 오염도) + (폐수배출량 \times 배출농도)}{(하천유량 + 폐수배출량)}$$

※ 총 오염도 = PEC(Predicted Environmental Concentration)

그림 1.3-2. 수질오염물질을 하천에 배출하는 경우 오염도 산정 방법

※ 배출영향분석 입력자료
- 배출농도 : 최대배출기준(가지역 배출허용기준 준용)
- 폐수배출량 : 허가 폐수량
- 기존 오염도 : 수질오염물질이 배출되는 지점의 상류지점에서 측정된 오염물질의 농도
- 하천유량 : 산업폐수배출시설의 배출지점과 인접한 상류지점에서의 저수기* 유량 사용
    ※ 저수기 : 1년간의 일일유량 중 275일은 이 유량보다 적지 않은 유량

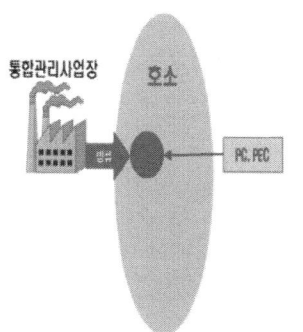

$$\text{추가 오염도(PC)} = \frac{\text{오염물질 배출농도}}{50}$$

※ 추가 오염도 = PC(Process Contribution)

$$\text{총 오염도(PEC)} = \text{추가 오염도(PC)} + \text{기존오염도(BC)}$$

※ 총 오염도 = PEC(Predicted Environmental Concentration)

※ 배출영향분석 입력자료
- 배출농도 : 최대배출기준(가지역 배출허용기준 준용) 또는 그 이내의 허가배출기준치 적용
- 기존 오염도 : 호소의 수질오염물질 농도(수질 측정망에서 측정된 최근 3년 자료 등)

그림 1.4. 수질오염물질을 호소에 배출하는 경우 오염도 산정 방법

표 1.1에 일반지역과 청정지역별로 적용되는 수질오염물질에 대한 허가배출기준 평가 기준을 나타내었다. 최대배출기준과 한계배출기준은 업종별(또는 시설별) 기술 및 경제적 여건을 고려하여 설정해야 하나, 현재는 통합환경관리 시행 초기임을 고려하여 기존의 가지역 배출허용 기준을 최대배출기준, 기존의 청정지역 배출허용 기준을 한계배출기준으로 적용하고 있다.

표 1.1. 수질오염물질에 대한 국내 허가배출기준 평가 기준

구분	일반지역	청정지역
상한치	최대배출기준	최대배출기준
하한치	한계배출기준	한계배출기준
평가기준	(PC < EQS[a]의 4%) or {(PC < EQS의 10%) and (PEC < EQS)}	(PC < EQS의 4%) and (PC < BC의 10%) and (PEC < EQS)

[a]환경의 질 목표수준

그림 1.5, 1.6에 일반지역(가, 나, 특례)과 청정지역에서의 수질오염물질의 배출영향 허가 배출기준 설정 절차를 도시하였다.

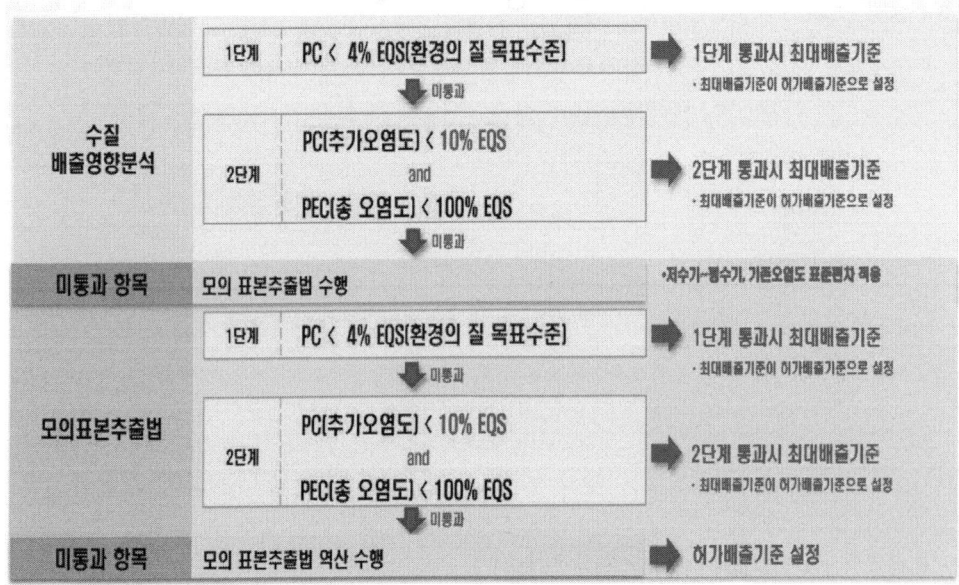

그림 1.5. 일반지역(가, 나, 특례)에서의 수질오염물질 허가배출기준 설정 절차

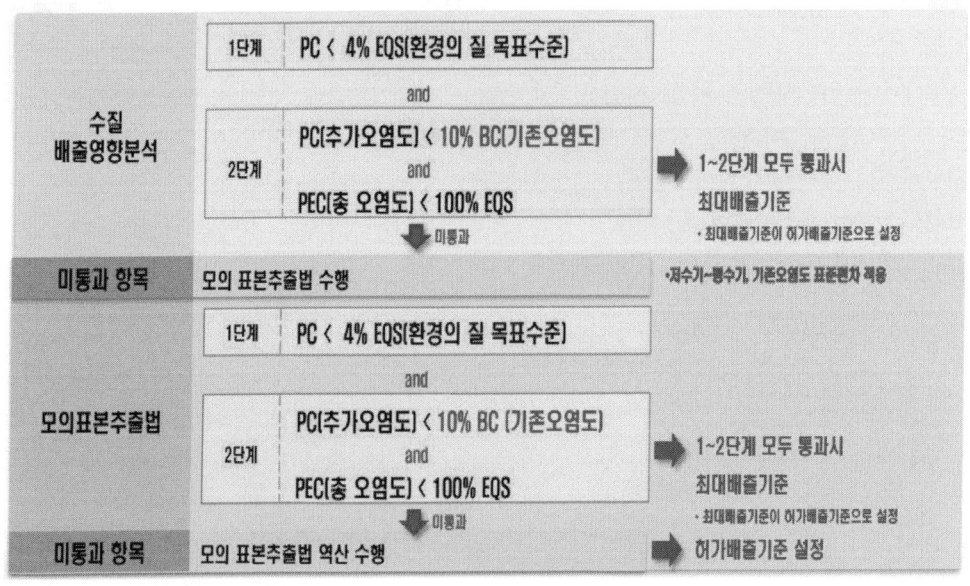

그림 1.6. 청정지역에서의 수질오염물질 허가배출기준 설정 절차

2장. 물리화학적 처리 원리

2.1. 중력 침전(gravity settling)

침전이란 물 보다 무거운 입자(particle)를 중력(gravity)에 의해 분리할 때 쓰이는 용어이다. 폐수 내 부유성(suspended) 입자(1 μm 이상)은 침전 단일 공정을 통해 제거될 수 있고, 콜로이드(colloid)나 용존성(soluble) 물질도 응집(coagulation), 화학침전(precipitation), 생물학적 처리(assimilation)를 통해 부유성 입자로 전환한 후 침전으로 제거될 수 있다.

입자의 농도와 입자 간 상호작용 여부에 따라 중력침전은 독립입자침전(discrete particle settling), 응결침전(flocculent particle settling), 간섭(또는 계면침전)(hindered settling, zone settling), 압밀(compression settlling)의 네 가지 형태로 발생할 수 있다. 또한 경우에 따라 물보다 가벼운 입자가 제거되는 부상(flotation)을 활용할 수도 있다.

표 2-1. 폐수처리에 사용되는 침전현상의 종류

침전현상의 종류	설 명	적용/발생
독립입자침전	고형물의 농도가 낮은 현탁액 속의 입자가 등가속도 영역 (field)에서 중력에 의해 침전하는 것을 말한다. 입자들은 주위의 다른 입자들과 거의 작용하지 않고 독립적으로 침전한다.	1차 침전
응결침전	비교적 농도가 낮은 현탁액에서 침전 중 입자들끼리 결합하고 응집하는 것을 말한다. 입자들 사이의 결합에 의해 질량이 커지고 따라서 더 빠른 속도로 침전한다. 경우에 따라 침전속도와 고형물 감소를 향상시키기 위해 응집제, 응결보조제 등을 첨가할 수 있다.	1차 침전
간섭침전 (또는 계면침전)	중간 농도의 현탁액에서 입자간 작용하는 힘이 주변 입자들의 침전을 방해할 정도의 상태를 말한다. 입자는 서로간의 상대적 위치를 변화 하지 않으며 전체 입자들은 하나의 무리로서 침전한다. 침전한 입자무리의 상부에 고액 계면이 형성된다.	생물학적 처리시설과 함께 사용되는 2차 침전시설 내에서 발생
압밀침전	농도가 너무 커서 입자들끼리 구조를 형성하여 더 이상의 침전은 압밀에 의해서만 생기는 고농도 현탁액에서 일어나는 침전을 말한다. 위의 액체로부터의 침전에 의하여 구조물에 연속적으로 가해지는 입자들의 무게때문에 일어나게 된다.	깊은 2차 침전시설과 슬러지 농축시설의 바닥에서와 같이 깊은 슬러지 층의 하부에서 대부분 발생
부상	공기 또는 기체부상을 통해 물보다 가벼운 현탁액 내 입자를 제거	고형 현탁액의 농축과 부상하는 기름과 가벼운 입자의 제거

2.2. 응집(coagulation)

 폐수 내에 존재하는 콜로이드 입자들은 대부분 표면 전하를 갖는다. 콜로이드의 크기 (약 0.01~1 μm)때문에 입자사이에 인력이 전기적 반발력에 비해 상당히 작게 된다. 안정된 상태하에서, 브라운 운동(Brownian motion)은 콜로이드를 부유(suspension) 상태로 유지하도록 한다. 응집(coagulation)은 입자의 충돌 결과에 의하여 입자가 증가함에 따라 콜로이드 입자가 불안정화 되어가는 과정, 응결(flocculation)은 입자 충돌의 결과로 입자의 크기가 증가하는 과정을 각각 의미한다. 대체로 응집제(금속 수화물)과 콜로이드가 혼합되는 과정을 응집, 응집 후 고분자 응결 보조제를 투입하여 부유성 입자를 생성하는 과정을 응결이라고 하며, 이 두 과정을 함께 응집이라고 부르기도 한다.
 응집제로는 대체로 알루미늄 3가 이온(Al^{3+}) 또는 철 3가 이온(Fe^{3+})의 수화물이 사용된다. 응집제는 투입 직후 콜로이드 입자에 흡착되면서, 대체로 음의 전하를 띄는 콜로이드 간의 전기적 반발력을 감소시킨다. 또한, 입자간 가교 결합과 체거름 플럭(sweep-floc) 형성도 유발한다. 적정 응집제 양과 pH는 오염물질의 종류와 특성, 온도 등 다양한 인자에 의해 좌우되므로, Jar test 등의 실험을 통해 도출하는 것이 바람직하다. 또한 응집제 주입 시 관건은 폐수와 금속염을 빠르고 격렬하게 혼합시키는 것이다. 고분자 응결 보조제는 일반적으로 음이온성(anionic polymer)을 사용하지만, 경우에 따라 양이온성(cationionc polymer)이나 비이온성(nonionic polymer)이 사용될 수 있다. 고분자 응결 보조제의 역할 역시 전하 중화와 가교 형성이다. 응집제와의 차이점은 응집에 비해 교반 속도가 낮고 반응이 긴 응결 과정에 투입된다는 점이다.

2.3. 화학침전(precipitation)

 폐수에서 중금속을 제거할 수 있는 기술에는 화학침전, 흡착, 이온교환, 역삼투가 있다. 이중 가장 보편적으로 사용되는 기술이 화학침전이다. 일반적인 침전제로는 수산화물(OH^-)와 황화물(S^{2-}) 사용되며, 특별한 경우 탄산염(CO_3^{2-})이 사용될 수 있다.

표 2-2. 대표적인 중금속 수산화물 및 황화물 용해도곱

금속	반반응	pK_{sp}
수산화카드뮴	$Cd(OH)_2 \leftrightarrow Cd^{2+} + 2OH^-$	13.93
황화카드뮴	$CdS \leftrightarrow Cd^{2+} + S^{2-}$	28
수산화크롬	$Cr(OH)_3 \leftrightarrow Cr^{3+} + 3OH^-$	30.2
수산화구리	$Cu(OH)_2 \leftrightarrow Cu^{2+} + 2OH^-$	19.66
황화구리	$CuS \leftrightarrow Cu^{2+} + S^{2-}$	35.2
수산화철(II)	$Fe(OH)_2 \leftrightarrow Fe^{2+} + 2(OH)^-$	14.66
황화철(II)	$FeS \leftrightarrow Fe^{2+} + S^{2-}$	17.2
수산화납	$Pb(OH)_2 \leftrightarrow Pb^{2+} + 2OH^-$	14.93
황화납	$PbS \leftrightarrow Pb^{2+} + S^{2-}$	28.15
수산화수은	$Hg(OH)_2 \leftrightarrow Hg^{2+} + 2OH^-$	23
황화수은	$HgS \leftrightarrow Hg^{2+} + S^{2-}$	52
수산화니켈	$Ni(OH)_2 \leftrightarrow Ni^{2+} + 2OH^-$	15
황화니켈	$NiS \leftrightarrow Ni^{2+} + S^{2-}$	24
수산화은	$AgOH \leftrightarrow Ag^+ + OH^-$	14.93
황화은	$(Ag)_2S \leftrightarrow 2Ag^+ + S^{2-}$	28.15
수산화아연	$Zn(OH)_2 \leftrightarrow Zn^{2+} + 2OH^-$	16.7
황화아연	$ZnS \leftrightarrow Zn^{2+} + S^{2-}$	22.8

또한, 인산염(PO_4^{3-})의 제거에도 화학침전이 널리 사용된다. 흔히 칼슘(Ca(II)), 알루미늄(Al(III)), 철(Fe(III)) 이온이 첨가되며, 고분자 응결 보조제가 첨가되기도 한다.

칼슘은 주로 석회($Ca(OH)_2$)의 형태로 첨가된다. 석회를 물에 넣었을 때 자연적인 중탄산 알칼리도와 반응하여 $CaCO_3$를 형성한다. 폐수의 pH가 10이상으로 증가함에 따라 과도한 칼슘이온들은 아래 식)에 나타나 있듯이 인과 반응하여 수산화인회석(hydroxylapatite) $Ca_{10}(PO_4)_6(OH)_2$ 침전물을 형성한다.

$$10Ca^{2+} + 6PO_4^{3-} + 2OH^- \leftrightarrow Ca_{10}(PO_4)_6(OH)_2$$

석회는 폐수내 알칼리도와 반응하기 때문에 일반적으로 필요한 석회의 양은 존재하는 인산염의 양과는 무관하고 하수 속의 알칼리도에 주로 의존하게 된다. 폐수에서 인을 침전시키기 위하여 필요한 석회의 양은 $CaCO_3$로 표현되는 총알칼리도의 약 1.4-1.5배이다. 석회를 원 폐수 혹은 2차 처리수에 첨가할 때, 적절한 처리와 처분에 앞서서 pH 조정이 필요하다.

알루미늄과 철을 이용한 인 침전의 기본 반응은 다음과 같다.

$$Al^{3+} + H_nPO_4^{3-n} \leftrightarrow AlPO_4 + nH^+$$

$$Fe^{3+} + H_nPO_4^{3-n} \leftrightarrow FePO_4 + nH^+$$

이론적으로는 알루미늄과 철의 경우 1몰은 1몰의 인산염을 침전시킨다. 그러나 이들 반응은 많은 경쟁반응과 관련된 평형상수, 하수에 존재하는 알칼리도, pH, 미량물질과 리간드의 영향 측면을 고려해야 하며, 실제 투입량은 실험을 통해 측정하는 것이 권장된다.

2.4. 산화-환원(oxidation-reduction)

폐수처리에서 산화(oxidation), 환원(reduction)은 오존(O_3), 과산화수소(H_2O_2), 과망간산염(MnO_4^-), 이산화염소(ClO_2), 염소(Cl_2, HOCl), 수산화라디칼(OH•) 등의 산화제나 황산제일철($Fe(SO_4)\cdot 7H_2O$), 아황산나트륨($NaHSO_3$), 파이로아황산나트륨($Na_2S_2O_5$), 수소화붕소나트륨($NaBH_4$) 등의 환원제를 사용하여 폐수 내 화합물의 화학적 구성을 변화시키는 것을 의미한다.

산화환원반응들은 산화제와 환원제 사이에서 일어난다. 산화-환원반응에서 서로 교환되는 전자들은 반응에 관련되어진 물질의 산화상태에 따라 결정된다. 산화제는 반응을 통해 환원, 즉 전자를 얻고, 환원제는 반응을 통해 산화, 즉 전자를 잃는다. 산화, 환원 반응을 가상으로 분리한 것을 반-반응(haf-reaction)이라고 하며, 각 반응의 표준 전위(E^o) 정보를 여러 참고문헌에서 찾을 수 있다. 통상적으로 반-반응의 표준 전위는 환원반응 기준으로 나타내며, 실제 산화-환원 반응의 표준 전위(E^o)는 다음과 같이 계산된다.

$$E^0_{reaction} = E^0_{half-reaction\,of\,reduction} - E^0_{half-reacdtinon\,of\,oxidation}$$

산화-환원반응의 평형상수는 다음의 Nernst 방정식으로 계산된다.

$$\log K = \frac{nFE^0_{reaction}}{2.303\,RT}$$

(K= 평형상수, n = 전체반응에서 교환되는 전자의 수, F = 96,485 C/g eq, $E^0_{reaction}$ = 표준 반응 전위, R = 8.3144 J (abs)/mole·K, T= 온도, K, (273.15 + ℃))

2.5. 여과(filtration)

여과는 여재(media)를 통해 액체를 통과시켜 기계적 체거름에 의해 액체 안의 입자들을 제거하는 것을 의미한다. 일반적으로 모래나 활성탄으로 충진된 여재층을 통과시키는 심층여과(depth filtration)과 표면여과(surface filtration)으로 나뉜다. 심층여과의 물질 제거 주요 기작은 다음 표와 같다.

표 2-3. 심층여과의 물질 제거 기작

기작 / 현상	설 명
1. 거름작용	
a. 기계적인 부분	여재의 공극보다 큰 입자는 기계적으로 걸러진다.
b. 우연한 접촉	여재의 공극보다 작은 입자가 우연한 접촉에 의해 여재내에 포집된다.
2. 침전 또는 충돌	유체 흐름을 따르지 않는 무거운 입자들이 여재 위에 가라앉는다.
3. 차단	유체 흐름을 따라 움직이는 많은 입자들이 여재 표면과 접촉하면서 제거된다.
4. 부착	입자들이 여재를 지나면서 여재 표면에 붙게 된다. 유체의 힘 때문에 어떤 입자들은 표면에 단단히 붙기 전에 씻겨나가 여상의 더 깊은 곳까지 밀려간다. 여상이 폐색되면, 표면 전단응력이 증가하여 더 이상 물질을 제거할 수 없는 지점까지 도달한다. 어떤 입자들은 여과지 밑바닥에서 누출되어 유출수의 탁도가 갑자기 증가하기도 한다.
5. 응결	응집은 여재의 틈새에서 일어날 수 있다. 여과지내에서 속도구배에 의해 형성된 큰 입자들은 위에서 기술한 제거 기작의 하나 또는 여럿에 의해 제거된다.
6. 화학적 흡착	
a. 결합	
b. 화학적 작용	
7. 물리적 흡착	입자가 일단 여재의 표면이나 다른 입자와 접촉하면 화학적 흡착과 물리적 흡착 중의 하나 또는 두 개 모두의 기작에 의해 붙어있게 된다.
a. 정전기력	
b. 동전기력	
c. Van der waals 힘	
8. 생물학적 증식	여과지내에서 생물학적 증식은 공극의 부피를 감소시켜 위의 제거 기작(1-5)에 의한 입자제거를 증진시킨다.

표면여과는 얇은 격벽(septum; 여재)을 통해 액체를 통과시켜 기계적 체거름에 의해 액체 안의 부유입자들을 제거하는 것이다. 여과 격벽으로 사용되는 물질에는 엮여진 금속 직물, 섬유 직물, 합성물질 등이 있다. 다음 절에서 설명할 막여과(미세여과

와 한외여과)도 일종의 표면여과이긴 하지만, 여재의 공극 크기(pore size)가 다르다. 섬유 여재(Cloth-medium) 표면여과의 공극 크기가 5~30mm 정도인데 반해, 미세여과와 한외여과의 공극 크기는 각각 0.05~2.0mm, 0.005~0.1mm이다.

2.6. 막 여과(membrane filtration)

여과는 입자성과 콜로이드성 물질을 액체로부터 분리하는 공정이다. 막여과에서는 입자크기가 용존물질까지로(일반적으로 0.0001~1.0mm) 확장된다. 막의 역할은 액체 안의 어떤 성분은 통과시키고 다른 성분은 막는 선택벽(selective barrier)이다.

폐수 처리에 사용되는 막은 보통 두께 약 100μm의 다공성 구조로 지지되는 두께 약 0.20~0.25μm의 얇은 가죽(skin)으로 구성되어 있다. 대부분의 상업용 막은 평판형, 가는 중공사형, 또는 관형(tubular form)으로 생산된다. 평판은 비대칭형과 합성형의 두 종류가 있다. 비대칭형 막은 한 공정에 의해 만들어지며 투과율이 높은 두꺼운 다공성 층(100μm 이하)과 아주 얇은 층(1μm 미만)으로 구성된다. 얇은 피막으로 된 합성(thin-film composite; TFC) 막은 얇은 셀룰로오스아세테이트, 폴리아미드, 또는 다른 활성 층(보통, 두께가 0.15~0.25 μm)과 좀 더 두꺼운 다공성 물질(안정성을 주기 위해)을 결합하여 만들어진다. 막은 여러 다른 유기물 및 무기물을 이용하여 만들 수 있다. 하수처리에 사용되는 막은 보통 유기물질이다. 사용되는 막의 주요 형태는 폴리프로필렌, 셀룰로오스 아세테이트, 방향족 폴리아미드, 얇은 피막으로 된 합성재(TFC)이다. 보통 pilot 시설 조사를 통해, 막의 막힘이나 파손이 최소화되도록 막과 시스템을 선택해야 한다.

막에 있어 모듈(module)이란 용어는 막, 막의 압력 지지구조물, 유입수의 유입구, 투과수와 농축수 출구, 총 지지 구조물로 이루어져 완전하게 한 세트를 이루는 것에 사용된다. 폐수처리에 많이 사용되는 막 모듈의 주요 형태는 관형(tubular), 중공사형(hollow fiber), 나선형(spiral), 평판형(plated)이다. 특수하게 제조되는 압력용기를 제외하고는 막여과에 이용되는 대부분의 장치들은 화학산업이나 공정산업에서 표준형으로 제작된다. 압력용기(또는 관)의 주 목적은 막을 지지하고 유입수와 생산수를 분리하는 것이다. 용기는 새지 않고 외부로의 압력손실이 없으며 염이나 막힘 축적이 최소화되고 막 교체가 용이하도록 설계되어야 한다. 운전압력과 유입수의 특성에 따라 프라스틱, 유리섬유관, 배관에 사용되는 재료 등의 여러 재질이 사용된다. 강

(steel) 압력관은 역삼투 공정에서 필요하고 스테인리스강은 높은 TDS를 갖는 해수나 염수에 이용된다. MF, UF, NF에 원심펌프가 사용될 수 있다. RO에는 positive-displacement 펌프나 고압 터빈 펌프가 필요하다.

막 모듈로 유입되는 물을 유입수(feed water), 막을 통과하는 유출수를 투과수(permeate), 남겨진 입자를 포함하는 액체를 농축수(retentate, concentrate, reject, waste stream)라고 한다. 투과수가 단위 면적의 막을 투과하는 속도를 플럭스(flux)라 하며 대개 L/m^2·h 로 나타낸다.

막여과는 사용하는 막이 분리할 수 있는 입자의 크기(분리 공칭 크기, the nominal size of the separation)와 특성에 따라 정밀여과(microfiltration; MF), 한외여과(ultrafiltration; UF), 나노여과(nanofiltration; NF), 역삼투(reverse osmosis; RO), 전기투석(electrodialysis; ED)로 나뉜다.

다음 표에 각 막여과의 구동력, 분리 기작, 운전 구조, 운전 범위를 요약하였다.

표 2-4. 막여과의 일반적인 특성

막공정	막 구동력	일반적 분리 기작	운전 구조 (공극 크기)	일반적 운전 범위, μm	막 상세사항 재료	형태
정밀여과	개방 용기에서의 정역학 압력차 또는 진공	체거름	큰 공극 (>50 nm)	0.08~2.0	Acrylonitrile, ceramic (various materials), polypropylene (PP), polysulfone (PS), polytetrafluorethylene (PTFE), polyvinylidene fluoride (PVDF), nylon	나선형, 중공사, 판과 프레임
한외여과	개방 용기에서의 정역학 압력차 또는 개방 연진공	체거름	중간 공극 (2~50 nm)	0.005~0.2	Aromatic polyamides, ceramic (various materials) cellulose acetate (CA), polypropylene (PP), polysulfone (PS), polyvinylidene fluoride (PVDF), Teflon	나선형, 중공사, 판과 프레임
나노여과	폐쇄 용기에서의 정역학 압력차	체거름+용액/확산+배제 (exclusion)	작은 공극 (<2 nm)	0.001~0.01	Cellulosic, aromatic polyamide, polysulfone (PS), polyvinylidene fluoride (PVDF), thin-film composite (TFC)	나선형, 중공사, 박막 복합형
역삼투	폐쇄 용기에서의 정역학 압력차	용액/확산+배제	치밀함 (<2 nm)	0.0001~0.001	Cellulosic, aromatic polyamide, thin-film composite (TFC)	나선형, 중공사, 박막 복합형
전기투석	전기력 (electromotive force)	이온 교환	이온 교환	0.0003-0.0002	Ion exchange resin cast as a sheet	판과 프레임

표 2-4의 첫 번째 네 가지 막공정(MF, UF, NF, RO)의 뚜렷한 특징은 분리에 수리학적 압력 또는 진공을 사용한다는 점이다. 전기투석은 기전력(electromotive force)과 이온 선택성 막을 이용하여 하전된 이온의 분리를 달성하며, 상세한 사항은 1.7에서 별도로 다룬다.

MF와 UF에서의 입자의 분리는 주로 거름작용(체거름)에 의해 이루어진다. NF와 RO에서는 체거름에 더해 막 표면에 흡착된 수층에 의해 작은 입자들을 통과하지 못하게 한다. Na^+, Cl^- 등 이온들은 막을 구성하는 큰 분자들의 공극을 통해 확산작용으로 이동한다. 보통 NF는 0.001 mm 이상의 입자들을 배제할 수 있는 반면 RO는 0.0001 mm 크기의 입자도 배제할 수 있다.

막오염(fouling)은 막 시스템 설계와 운전에 있어 가장 중요한 고려사항이며, 전처리 필요성, 세척 요구량, 운전 조건, 비용, 성능에 영향을 준다. 막오염 정도는 유입수의 물리, 화학, 생물학적 특성, 막 유형, 운전조건에 의해 좌우된다. 표 3-5에 서술한 바와 같이 네 가지 형태의 막오염이 있다: (1) 유입수 내 성분이 막표면에 축적됨으로 인해 발생하는 입자성 막오염(particulate fouling), (2) 무기염 침전으로 인한 무기성 스케일(inorganic scales), (3) 유기물에 의한 유기성 막오염(organic fouling), (4) 유입수 내 미생물에 의한 생물학적 막오염(biological fouling). 이 네 가지 막오염은 동시에 진행될 수 있다. 또한, 막과 반응할 수 있는 화학물질의 존재로 인해 막이 손상될 수 있다. 막오염을 유발할 수 있는 일반적인 폐수 내 구성성분을 표 2-5에 정리하였다.

표 2-5. 막오염 또는 막손상을 유발할 수 있는 일반적인 하수 내 구성성분a

막오염 유형	막손상 유발 구성성분	비고
입자성 막오염	유무기 콜로이드	주기적 세척으로 저감 가능
	유화유	
	점토 및 실트	
	실리카	
	철, 망간 산화물	
	산화 금속	
	금속염 응집 화합물	
	PAC	
스케일링 (과포화염 화학침전)	황산 바륨	염 농도 제한, pH 조절, antiscalant 등 화학처리를 통해 저감 가능
	탄산 칼슘	
	불화 칼슘	
	인산 칼슘	
	황산 스트론튬	
	실리카	
유기물 막오염	휴믹산, 펄빅산, 단백질, 탄수화물 등 NOM	전처리를 통해 저감 가능
	유화유	
	처리공정에 사용된 고분자	
생물학적 막오염	죽은 미생물	막 표면에서의 박테리아 증식에 의해 유발
	살아있는 미생물	
	미생물 유래 고분자	
막 손상	산	유입수 내 유발물질 조절을 통해 저감 가능, 손상 정도는 막 특성에 좌우됨.
	염기	
	극단적 pH	
	자유 염소	
	자유 산소	

a많은 경우 네 가지 유형의 막오염이 함께 나타남

2.7. 전기투석(electrodialysis)

전기투석(electrodialysis, ED)은 무기 염류를 비롯한 이온 성분들이 직류 기전력을 구동력으로 하여 이온선택성 막을 통해 한 용액에서 다른 용액으로 이동하는 전기화학적 분리 공정이다. 중성 물질을 제거하지 못한다는 점이 NF 및 RO와의 차이이다. 막을 통해 이동한 염류는 농축수에 축적된다. 전기투석의 핵심은 이온교환수지가

판 형태에 주조된 이온선택성 막이다. 소디움, 포타슘과 같은 양이온의 투과를 허용하는 이온선택성 막을 양이온 막, 염화이온, 인산염 등 음이온의 투과를 허용하는 이온선택성 막을 음이온 막이라고 한다. 전기투석을 통해 용액의 이온을 제거하기 위해서는 양 단에 양극(산화전극)과 음극(환원전극)을 연결한 적층 구조(stacked configuration)의 플라스틱 스페이서(spacer) 사이에 양이온 막과 음이온 막이 번갈아가면서 배열되어야 한다. 직류 전압에 의해 발생한 기전력이 이온을 이동시키는 구동력이 되고 막은 반대 전하를 띈 이온에 대해 장벽으로 작용한다. 그러므로 산화전극 쪽으로 이동하고자 하는 음이온은 인접한 음이온 막은 통과하지만 바로 옆에 있는 양이온 막에서 멈추게 되고, 환원전극 쪽양이온은 반대로 인접한 양이온 막은 음이온 막에 멈추게 된다. 따라서 막들에 의해 묽은 칸과 농축 칸으로 분리된다.

전기투석 막 더미는 양극과 음극 사이에 여러 개의 전지 쌍으로 구성되어 있다. 하나의 전지 쌍(cell pair)은 묽은 칸, 음이온 막, 농축 칸, 양이온 막으로 구성된다. 전기분해 더미는 최대 600개의 전지 쌍으로 구성된다. 전기투석 더미로 유입되는 플럭스는 일반적으로 35-45 $L/m^2 \cdot h$이다. 용존 고형물 제거율은 (1) 하수 온도, (2) 전류량, (3) 이온의 유형과 양, (4) 막 투과도및 선택성, (5) 유입수의 막오염 및 스케일링 가능성, (6) 유입유량, (7) 단계의 개수와 형태에 따라 다르다.

2.8. 흡착(adsorption)

폐수처리에서 흡착은 수중의 물질을 고체 표면에 축적시켜 제거하는데 사용된다. 흡착은 액체상의 성분들이 고체로 이동하는 물질 전달 작용이다. 흡착질(adsorbate)은 액체상으로부터 계면으로 제거되는 물질이다. 흡착제(adsorbent)는 흡착질이 축적되는 고체, 액체, 기체상이다. 부상공정에서는 흡착이 기체-액체 경계면에서 일어나지만, 여기에서는 고체-액체 경계면에서의 흡착 경우만을 다룬다.

폐수의 흡착 처리는 미량의 난분해성 유기 성분, 질소·황화염·중금속 등 무기 성분, 악취 물질 등을 제거하기 위해 사용된다. 폐수 재이용 시에는 유기물의 연속 제거와 다른 단위 공정에서의 파과에 대한 방지책으로 사용된다. 몇 가지 경우에는 소독 중 유해 물질을 생성할 위험성이 있는 전구물질을 제거하는데 활용된다.

폐수처리에서 일반적으로 가장 널리 사용되는 흡착제는 활성탄이다. 활성탄은 저분자량 극성 유기물이나 무기물질의 흡착 효율이 낮아, 이 경우에는 활성 알루미나

(activated alumina), 입상 수산화 제이철(granular ferric hydroxide, GGF) 등이 사용된다. 흡착제 별 특성을 표 2-6에 정리하였다.

표 2-6. 다양한 흡착제 물질 비교

변수	단위	활성탄 GAC	활성탄 PAC	활성 알루미나	입상 수산화 제이철
총표면적	m^2/g	700 ~ 1300	800 ~ 1800	280-380	250-300
벌크 (Bulk)의 밀도	kg/m^3	400 ~ 500	360 ~ 740	600-800	1200-1300
수중입자밀도	kg/L	1.0 ~ 1.5	1.3 ~ 1.4	3.97	1.59
입자크기범위	mm (μm)	0.1 ~ 2.36	5 ~ 50	290-500	150-2000
유효크기	mm	0.6 ~ 0.9	na		
균등계수	UC	≤1.9	na		
평균공극지름	Å	16 ~ 30	20 ~ 40		
요오드 가		600 ~ 1100	800 ~ 1200		
마모 (abrasion) 계수	minimum	75 ~ 85	70 ~ 80		
재 (ash)	%	≤8	≤6		
포함된 수분 (moisture as packed)	%	2 ~ 8	3 ~ 10		

활성탄은 목재, 석탄, 아몬드, 코코넛, 호두껍데기 같은 유기물질을 열분해한 후 증기, CO_2 등 산화가스에 노출시켜 활성화하여 제조하며, 넓은 내부 표면적의 다공질 구조를 가지고 있다. 공극 크기는 아래와 같이 정의된다.

Macropores 〉 500nm
Mesopores 〉 20nm and 〈 500nm
Micropores 〈 20nm

활성탄은 입상활성탄(granular activated carbon, GAC)과 0.074mm(200번 체)보다 작은 직경의 분말활성탄(powdered activated carbon, PAC)으로 구분된다. GAC는 가압 또는 중력 여과에 사용되고, PAC는 활성슬러지 공정 등 생물학적 공정에 직접 투입된다.

GFH는 염화제이철 용액을 수산화나트륨으로 중화 및 침전시켜 제조한다. GFH의 흡착 용량은 pH, 온도, 처리수의 수질에 좌우된다. GFH는 비소, 크롬, 셀레늄, 구리 및 다른 금속 성분들을 제거할 수 있으며, 이 성능은 부유물질, 철 및 망간 침전물,

유기물질, 인산염, 규산염, 황산염 등이 존재할 경우 저해된다. GFH 흡착제는 비소 등 특정 성분의 제거 관점에서 효과적인 반면 대형 시스템에서는 종종 비용이 과다할 수 있다. GFH 흡착제의 용량은 재생 이후 심각하게 저해되므로 사용된 흡착제는 보통 매립 처분하고 새 여재로 교체해야하기 때문이다. 반대로, 재생 과정에서 발생하는 부산물이 유해할 경우에는 재생하지 않는 GFH가 더 유리할 수 있다.

활성알루미나는 보크사이트의 결정 구조에서 물을 제거함을 통해 제조된다. 활성알루미나는 먹는 물 처리 시 비소와 불소 제거용으로 사용되며 Clifford, 1999), 물 재이용 시 특정 성분 제거에도 활용될 수 있다. 활성 알루미나는 강염기-강산으로 재생할 수 있다. 활성 알루미나 재생과 이에 따른 폐기물 관리는 고가의 운전 및 유지 비용을 요구한다. GFH에서 언급한 바와 같이 pH(최적 5.5-6.0), 온도, 경쟁 성분들이 활성 알루미나 흡착 성능에 영향을 준다. 막(MF 및 UF)과 결합한 분말 활성 알루미나의 사용 역시 유망한 공정이다.

흡착은 다음의 4가지, (1) Bulk 용액에서의 이동(bulk solution transport), (2) 박막 확산 이동(film diffusion transport), (3) 공극 및 표면 이동(pore and surface transport), (4) 흡착 또는 수착(adsorption or sorption) 단계로 진행된다. 흡착 단계는 흡착질이 흡착제의 유효 흡착부위에 부착되는 현상을 포함한). 흡착은 흡착제의 외부표면, macropores, mesopores, micropores, submicropores에서 일어날 수 있다. 그러나 macropores나 mesopores의 표면적은 micropores 및 sub-micropores의 표면적에 비해 작고 흡착되는 물질의 양도 무시할 만큼 적다. 흡착공정이 단계적으로 일어나기 때문에 가장 느린 단계를 율속단계(rate limiting step)라 정의한다. 흡착율(adsorption rate)이 탈착율(desorption rate)과 같을 때는 활성탄의 용량이 소진된 상태이며, 평형에 도달한 상태이다. 특정 오염물에 대한 특정 흡착제의 이론적 흡착 용량은 흡착 등온식을 통해 결정될 수 있다.

흡착제에 흡착되는 물질의 양은 흡착질의 특성, 농도, 온도의 함수이다. 주요한 흡착질 특성은 용해도, 분자구조, 분자량, 극성, 탄화수소 포화도 등이다. 일반적으로 일정온도에서의 흡착량은 용액 내 농도의 함수로 결정되며, 이를 흡착등온식이라고 한다. 흡착 등온식은 일정 부피, 일정 농도의 흡착질용액에 활성탄을 양을 바꾸어 가면서 투여하여 얻는다. 대체로 10개 이상의 용기가 사용되고, 분말 활성탄과 평형을 이루는 최소 시간은 7일 정도이다. 입상활성탄의 경우, 흡착시간을 최소화하기 위해 분말화하여 사용한다.

1) 물질수지 일반식
(계 경계 내 반응물질 흡착량) = (계 경계 내 초기 반응물질량)-(계 경계 내 최종 반응물질량)

2) 물질수지 간략식
(흡착량) = (초기 반응물질량)-(최종 반응물질량)

3) 평형에서의 기호 표현
$q_e M = VC_0 - VC_e$
여기서, q_e = 평형 후 흡착제상(고체상) 농도, mg 흡착질/g 흡착제
         M = 흡착제 무게, g
         V = 반응조 내의 액체 부피, L
         C_0 = 흡착질 초기 농도, mg/L
         C_e = 흡착질 최종 농도, mg/L

위 식은 다음과 같이 전환될 수 있다.
$$q_e = -\frac{V(C_e - C_0)}{M}$$

계산된 흡착제상 농도는 아래에 설명할 흡착등온식에 사용된다.

등온 실험 결과를 설명하는데 사용되는 식들은 Freundlich, Langmuir, Brunauer-Emmet-Teller(BET) 등온식 등이 있다. 이 중 Freundlich 등온식이 가장 일반적으로 사용된다. Freundlich 등온식은 다음과 같은 경험식으로 정의된다.

$$\frac{x}{m} = K_f C_e^{1/n}$$

여기서, x/m = 흡착제 단위 중량당 흡착된 흡착질 양, mg 흡착질/g 활성탄
         K_f = Freundlich 용량 인자(capacity factor)
         (mg 흡착질/g 활성탄)×(L 물/mg 흡착질)1/n=(mg/g)(L/mg)1/n
         C_e = 흡착질 평형농도, mg/L
         $1/n$ = Freundlich 강도 인자(intensity parameter)

이 식에서 나타난 상수들은 $\log(x/m)$과 $\log C$은 다음과 같은 선형관계로 나타낼 수 있다.

$$\log\left(\frac{x}{m}\right) = \log K_f + \frac{1}{n}\log C_e$$

2.9. 이온교환(ion exchange)

이온교환은 수중의 이온이 고상의 교환 물질과 결합된 다른 이온으로 대체되는 단위 공정이다. 폐수 처리 시에 질소, 중금속, 총용해성 고형물질의 제거에 적용된다.

이온교환 공정은 회분식으로 연속 방식으로도 운전될 수 있다. 회분식 공정에서 이온교환수지와 유입수를 반응조 내에서 반응이 끝날 때까지 혼합한다. 사용된 수지는 침전에 의해 제거된 후 재생 및 재사용된다. 연속공정에서 교환물질이 충진된 상이나 충진 칼럼에 유입수를 통과시킨다. 연속 이온 교환은 일반적으로 하향류 충진 칼럼형태로 운전된다. 하수는 칼럼 상부로 유입되어 압력에 의해 수지상을 통하여 하향류로 흐르고 하부로 배출된다. 교환용량이 소진되었을 때 칼럼 내에 축적된 고형물을 제거하기 위하여 역세한 후 이온교환수지를 재생한다.

대부분의 인공 이온교환 물질들은 수지(resin)나 페놀계 고분자이다. 합성 이온교환 수지에는 (1) 강산 양이온, (2) 약산 양이온, (3) 강염기 음이온, (4) 약염기 음이온과 (5) 중금속 선택성 킬레이트 수지의 5가지 유형이 있다. 이들 수지의 특성을 표 11-46에 요약하였다.

대부분의 합성 이온교환 수지들은 스티렌(styrene)와 디비닐벤젠(divinylbenzene)이 중합과정을 통해 제조된다. 스티렌은 수지의 기본 골격으로 작용하며, 디비닐벤젠은 불용해성의 강한 수지를 만드는 목적으로 고분자를 교차 결합(cross-line) 시키는 역할을 한다. 이온교환수지의 중요한 성질에는 이온교환용량, 입자크기, 안정성 등이 있다. 수지의 이온교환 용량은 흡수할 수 있는 교환 가능한 이온의 양으로 정의된다. 수지의 교환용량은 eq/L이나 eq/Kg (meq/L, meq/g)으로 표시된다. 수지의 입자크기는 이온교환 칼럼의 수리학과 이온교환의 동력학 측면에서 중요하다. 일반적으로 이온교환 속도는 입자직경 제곱의 역수에 비례한다. 수지의 안정성은 수지의 장기간 운전에 있어 중요하다. 과도한 삼투 팽창과 수축, 화학적 안정성, 물리적 압박에 의해 일어나게 되는 구조적 변화는 수지의 수명을 제한하는 중요한 요소이다. 이온 교환

시 일어나는 반응은 다음과 같다.

합성 수지 (R) :

강산 양이온 교환 :

$$RSO_3H + Na^+ \leftrightarrow RSO_3Na + H^+$$

$$2RSO_3Na + Ca^{2+} \leftrightarrow (RSO_3)_2Ca + 2Na^+$$

약산 양이온 교환 :

$$RCOOH + Na^+ \leftrightarrow RCOONa + H^+$$

$$2RCOONa + Ca^{2+} \leftrightarrow (RCOO)_2Ca + 2Na^+$$

강염기 음이온 교환 :

$$RR'_3NOH + Cl^- \leftrightarrow RR'_3NCl + OH^-$$

약염기 음이온 교환 :

$$RNH_3OH + Cl^- \leftrightarrow RNH_3Cl + OH^-$$

$$2RNH_3Cl + SO_4^{2-} \leftrightarrow (RNH_3)_2SO_4 + 2Cl^-$$

이온교환 공정의 화학은 양이온 교환수지의 구성물질 A와 용액상의 물질 B와의 반응에 대한 다음의 평형식으로 표현할 수 있다.

$$nR^-A^+ + B^{+n} \leftrightarrow R_n^-B^{+n} + nA^+ \qquad (11\text{-}113)$$

여기서 R는 이온교환 수지에 붙어있는 음이온 그룹이며 A와 B는 용액상의 양이온이다. 위 반응의 평형에 대한 일반적인 표현은

$$\frac{[A^+]_s^n[R_n^-B^{+n}]_R}{[R^-A^+]_R^n[B^{+n}]_s} = K_{A^+ \to B^{+n}} \qquad (11\text{-}114)$$

여기서, $K_{A^+ \to B^{+n}}$ = 선택계수

$[A^+]_s$ = 용액의 A농도

$[R^-A^+]_R$ = 교환수지상의 A농도

강산 합성 양이온 교환수지 R을 이용하여 물로부터 소듐(Na+)과 칼슘 (Ca2+)을 제거하는 반응과 고갈된 수지를 염산(HCl)과 염화소듐 (NaCl)을 이용하여 재생하는 것은 다음과 같이 표현할 수 있다.

반응 :

$$R^-H^+ + Na^+ \rightarrow R^-Na^+ + H^+$$

$$2R^-Na^+ + Ca^{2+} \rightarrow R_2^-Ca^{2+} + 2Na^+$$

재생 :

$$R^-Na^+ + HCl \rightarrow R^-H^+ + NaCl$$

$$R_2^-Ca^{2+} + 2NaCl \rightarrow 2R^-Na^+ + CaCl_2$$

소듐과 칼슘에 대한 평형 표현은 다음과 같다.

소듐의 경우 :

$$\frac{[H^+][R^-Na^+]}{[R^-H^+][Na^+]} = K_{H \rightarrow Na}$$

칼슘의 경우 :

$$\frac{[Na^+]^2[R^-Ca^{2+}]}{[R^-Na^+]^2[Ca^{2+}]} = K_{Na \rightarrow Ca}$$

선택계수는 주로 이온의 특성과 원자가, 수지의 형태와 포화도, 폐수의 이온 농도에 따라 결정되며, 좁은 pH 범위에서 유효하다. 사실 비슷한 이온의 순서에 있어서 교환 수지의 이온간 선택성과 친밀도가 상이할 수 있다. 일반적으로 2가이온의 선택계수가 1가이온 보다 높다. 합성 양이온과 음이온 교환수지에 있어서 전형적인 순서는 다음과 같다.

$$Li^+ < H^+ < Na^+ < NH_4^+ < K^+ < Rb^+ < Ag^+$$

$$Mg^{2+} < Zn^{2+} < Co^{2+} < Cu^{2+} < Ca^{2+} < Sr^{2+} < Ba^{2+}$$

$$OH^- < F^- < HCO^- < Cl^- < Br^- < NO_3^- < ClO_4^-$$

2.10. 기체-액체 질량전달(gas-liquid mass transfer)

일반적으로 질량전달의 구동력은 기체 내 부분압과 평형을 이루는 액체 내 농도와 실제 액체 내 농도 간의 차이이며, 주로 이중 막 이론(two-film theory)로 설명된다.

폐수 처리에 사용되는 기체-액체 질량 전달 현상은 다음과 같다.

표 2-7. 폐수처리에서의 질량전달 조작과 공정의 주요 적용

반응조 유형	상 평형	적 용
흡 수 (absorption)	기체 → 액체	기체를 물에 투입 (O_2, O_3, CO_2, Cl_2, SO_2), NH_3 산 세정
증발 (evaporation)	액체 → 기체	수분 증발 (무방류)
탈 기 (stripping)	액체 → 기체	기체의 제거 (CO_2, O_2, H_2S, NH_3, VOC)

이중 막 이론에서는 기체-액체의 경계면에 이중의 막(gas film, liquid film)이 존재하고, 막 외의 액체 본체(bulk liquid)와 기체상 본체(bulk gas)에서는 농도와 부분 압력이 균일하다고 가정한다. 정상상태 조건에서 기체 막을 지나는 질량전달 속도는 액체 막을 지나는 전달속도와 일치해야 하므로, 각각의 상에서의 흡수에 대한 질량 플럭스를 다음과 같이 쓸 수 있다.

$$r = k_G(P_G - P_i) = k_L(C_i - C_L)$$

여기서, r = 단위면적-시간당 질량전달 속도
  k_G = 기체 막 질량전달계수
  P_G = 기체 상 본체에서의 성분 A의 부분압력
  P_i = 액체 상에서의 성분 A의 농도 C와 평형을 이루는 경계 면에서의 성분 A의 부분압력
  k_L = 액체 막 질량전달계수
  C_i = 기체 중에 있는 성분 A의 부분압력 P_i와 평형을 이루는 경계 면에서의 성분 A의 농도
  C_L = 액체 상 본체에서의 성분 A의 농도

기체 및 액체 막 질량전달계수는 경계 면에서의 조건에 좌우됨을 유의해야 한다. $(P_G - P_i)$와 $(C_i - C_L)$는 각각, 기체와 액체상에서 질량전달을 일으키게 하는 구동력을 나타낸다. $(P_G - P_i)$와 $(C_i - C_L)$를 각각의 막 두께 (δ_G와 δ_L)로 나누면, 구동력은 단위 두께로 나타낼 수 있다. 따라서, 질량전달 정도는 속도를 제어하는 막이 어느 것이냐에 따라 막의 두께를 줄임으로써 향상될 수 있다.

그러나 경계면에서 k_G와 k_L 값을 측정하기란 어렵기 때문에 질량전달에 대한 저항이 기체 혹은 액체의 어느 쪽에 있느냐에 따라, 일반적으로 총괄계수 k_G와 k_L 를 사용한다. 질량전달에 대한 모든 저항이 액체 막에 의해 발생된다고 가정하면, 질량전달속도는 총괄 액체 질량전달 계수에 의해 다음과 같이 정의될 수 있다.

$$r = K_L(C_s - C_L)$$

여기서, r = 단위면적-시간 당 질량전달 속도
K_L = 총괄 액체 질량전달 계수
C_s = 기체 상 본체 중에 있는 성분 A의 부분압력과 평형을 이루는 경계 면에서의 성분 A의 농도
C_L = 액체 상 본체 중에 있는 성분 A의 농도

질량전달계수와 기체 및 액체 막 계수 사이의 관계가 다음과 같이 유도될 수 있다.

$$r = K_L(C_s - C_L) = k_G(P_G - P_i) = k_L(C_i - C_L)$$

질량전달에 대한 저항이 액체 막에 의해 일어난다고 가정하였기 때문에, Henry 의 법칙 에 근거하여 다음의 관계가 경계면에서 적용되어야 한다.

$$P_G = HC_s \text{ 그리고 } P_i = HC_i$$

여기서, H = Henry 법칙 상수

질량전달의 총괄 구동력 $(C_s - C_L)$은 이제 다음과 같이 쓸 수 있다.

$$(C_s - C_L) = (C_s - C_i) + (C_i - C_L) \qquad (4\text{-}125)$$

위 식들을 결합하면, 다음의 관계식이 구해진다.

$$\frac{r}{K_L} = \frac{r}{k_L} + \frac{r}{Hk_G} \text{ or } \frac{1}{K_L} = \frac{1}{k_L} + \frac{1}{Hk_G} \qquad (4\text{-}126)$$

유사한 방법으로, 질량전달이 기체 막에 의해 제어될 경우 다음의 관계식이 성립될 수 있다.

$$\frac{1}{K_G} = \frac{1}{k_G} + \frac{H}{k_L}$$

총괄 액체 및 기체 상 전달계수 사이에 관계는 다음과 같다.

기체 상에서 액체 상으로(액체 막이 전달속도를 제어한다) 용해도가 낮은 기체의 단위시간-면적당 질량흐름(mass flux)을 평가하기 위해서, 식 (4-123)에 C_L 대신 C_t를 대체하여 다음과 같이 쓸 수 있다.

$$r = K_L(C_s - C_t) \qquad (4\text{-}129)$$

여기서, r = 단위면적-시간 당 질량전달 속도, $ML^{-2}T^{-1}$
 K_L = 총괄 액체 질량전달 계수, LT^{-1}
 C_t = 시간 t에서 본체 액체 상에서의 농도, ML^{-3}
 C_s = Henry 법칙에서와 같이 기체와의 평형농도, ML^{-3}

대응하는 단위부피-시간 당 질량전달 속도는 식 (4-129)에 면적 A를 곱하고 부피 V로 나누면 구해진다.

$$r_v = K_L \frac{A}{V}(C_s - C_t) = K_L a(C_s - C_t)$$

여기서, r_v = 당위부피-시간 당 질량전달 속도, $ML^{-3}T^{-1}$
 $K_L a$ = 부피 질량전달 계수, T^{-1}
 A = 질량전달 면적, L^2
 V = 성분농도가 증가하는 부피, L^3
 a = 단위부피 당 질량전달 경계 면의 면적, A/V, L^{-1}

$K_L a$ 항은 부피 질량전달 계수라고 하는데, 수질과 포기설비의 유형에 따라 달라지며 각 경우에 대해 고유값을 갖는다. $K_L a$ 값은 일반적으로 실험적으로 결정된다.

2.11. 산소전달(oxygen transfer)

산소전달이란 기체가 어느 한 상태로부터 다른 상태로 전달되는 공정으로서, 보통은 기체 상태로부터 액체 상태로 전달되는 것을 말한다. 이것은 폐수 처리 시 많은 단위 공정에 사용된다. 폐수처리분야에서 기체의 전달이 가장 많이 이용되는 곳은 생물학적 처리공정에서의 산소전달이다. 산소는 용해도가 낮고 따라서 전달속도도 느리므로 호기성 생물학적 처리에서 필요한 산소를 보통의 기액계면을 통해서 공급할 수 없다. 필요한 많은 양의 산소를 전달하기 위해서는, 별도의 경계면이 만들어져야 한다. 공기나 산소를 액체속으로 들여보내거나 또는 액체의 방울을 대기 중에 접하게 할 수도 있다. 산소는 공기나 순산소 방울을 물속에 집어넣어 기체와 물의 경계면을 더 많이 만들어 줌으로써 공급될 수 있다.

포기(aeration)하고자 하는 물의 일정한 부피에 대하여, 포기장비의 성능을 결정하기 위해서는 동일 조건 하에서(온도, 물의 화학적 성상, 공기도입부의 깊이 등) 단위 공기량당 전달된 산소량을 사용할 수 있다. 깨끗한 물에서 총괄 산소전달계수(overall oxygen transfer coefficient)는 아황산나트륨을 주입해 주어진 부피의 물에서부터 용존산소를 제거한 후 포화농도에 이르도록 재포기를 하는 것이다. 포기 중 탱크 내의 상태를 가장 잘 나타낼 수 있는 여러 지점에서 계속 DO를 측정한다. 각각의 측정지점에서 얻어진 데이터는 간단한 형태인 질량전달 모델에 의해 분석될 수 있다.

$$\frac{C_s - C_t}{C_s - C_0} = e^{-(K_L a)t}$$

여기서, $K_L a$ = 총괄 기체 확산계수
C_t = t시간에 용액 중의 농도, mg/L
C_s = Henry 법칙에서 주어진 용액 중 기체의 평형농도
C_0 = 초기 농도

생물학적 처리 중 활성슬러지법에서는 통상적으로 산소농도가 1-3 mg/L에서 유지되고, 산소는 공급되자마자 미생물에 의해 사용된다. 이를 공식으로 표현하면 다음과 같다.

$$\frac{dC}{dt} = K_L a(C_s - C) - r_M \quad (5\text{-}49)$$

여기서, C = 용액에서 산소의 농도
r_M = 미생물이 소비한 산소 소비율

r_M은 미생물에 의해 산소가 소비되는 량으로서 보통 2-7 g/g VSS.d0의 값을 가진다. 산소농도를 일정한 값으로 유지된다면, dC/dt는 0이 되며,

$$r_M = K_L a(C_s - C)$$

이 경우에도 C값은 상수이다. r_M의 값은 respirometer에 의해 실험실에서 결정될 수 있다. 이 경우 $K_L a$는 다음 식으로 쉽게 구해진다.

$$K_L a = \left(\frac{r_M}{C_s - C}\right)$$

포기장치에서 산소전달 속도를 예측하는 것은 산소모델 기초로 하여 행해진다. 대개 총괄 산소전달계수 $K_L a$ 값은 실제규모 실험이나 또는 실험실에서 결정된다. 만약 Pilot Plant 시설에서 $K_L a$ 값을 구하게 되면 Scale-up 효과를 반드시 고려하여야 한다. $K_L a$ 값은 온도와 교반의 정도(따라서 사용된 포기기의 종류와 교반도의 기하학적 형상에 따른)와 물속의 성분에 따라서도 달라진다.

온도가 산소전달 속도에 미치는 영향은 Arrhenius 식으로 해석한다.

$K_L a_{(T)} = K_L a_{(20℃)} \theta^{T-20}$ (5-52)

여기서, $K_L a_{(T)}$ = 온도 T에서의 산소전달계수, 1/s

$K_L a_{(20℃)}$ = 20℃에서의 산소전달계수, 1/s

θ의 값은 실험조건에 따라 다르다고 보고되어 있으나 보통 사용되는 θ의 값은 1.015~1.040이다. 보통 산기식이나 기계식 포기기에서는 1.024의 값을 사용한다.

교반강도와 탱크의 형상에 따른 영향을 이론적으로 다루기는 어렵지만, 포기장치는 효율에 의해 선택되므로 설계 당시에 꼭 고려되어야만 한다. 효율은 주어진 포기장치의 $K_L a$값과 밀접한 관계가 있다. 대부분의 경우 포기장치는 깨끗한 물과 저농도의 용존고형물을 사용하여 운전조건의 일정한 범위에 대하여 평가된다. 따라서 실제 시스템에서는 $K_L a$값을 추측하기 위하여 보정계수 α가 이용된다. α의 값은 포기장치의 형태, 탱크의 형상, 교반의 정도, 그리고 하수의 성상에 따라 달라지며 0.3에서 1.2의 값을 가진다. 산기관이나 기계식 포기장치에서는 각각 0.4-0.8, 0.6-1.2의 값을 가진다.

또한, 물 속에 녹아있는 염, 입자, 표면활성제 등의 성분에 의해 산소의 용해도가 다르므로 실험 시스템의 산소전달계수를 고치기 위해서는 보정계수인 β를 사용한다. β의 값은 0.7에서 0.98까지 변하며 실험을 통해 도출하는 것이 바람직하다.

$$\beta = \frac{C_s(폐수)}{C_s(깨끗한 물)}$$ (5-54)

요구되는 실제 산소전달속도(AOTR, actual oxygen transfer rate)와 장치의 표준 산소전달속도(SOTR, standard oxygen transfer rate)간의 관계는 다음과 같다. 오염 계수 F는 외부 및 내부 공기 산기관의 오염을 설명하는데 사용되어진다. 내부 오염은 압축된 공기에서 불순물들이 일으키는 반면에, 외부 오염은 생물학적 슬림 및 비유기성 침전제의 형성이 일으킨다.

$$AOTR = SOTR \left(\frac{\beta C_{s,T,H} - C_L}{C_{s,20}} \right)(1.024^{T-20})(\alpha)(F)$$

여기서, AOTR = 현장 운전조건하에서의 실제 산소전달속도, kg O_2/h

SOTR = 20℃, 용존산소가 없는 깨끗한 물에서 실험한 표준 산소전달속도, kg O_2/h

$C_{s,T,H}$ = 온도 T, 고도 H인 포기조에서 깨끗한 물에서 평균 용존산소포화농도

C_L = 운전 산소 농도, mg/L

$C_{s,20}$ = 20℃, 1기압에서 깨끗한 물에서 용존 포화 산소 농도, mg/L
T = 운전 온도, ℃
F = 오염 계수, 대표적으로 0.65~0.9

  흔하게 사용되는 포기조 구성 성분에 산소를 공급하는 3가지 방법으로 (1) 산기식 포기, (2) 기계식 포기, (3) 순산소 포기가 있다.
  산기 장치는 다공성 산기관(porous diffuser), 비다공성 산기관(nonporous diffuser), 기타 공기 산기 장치(other air-diffusion devises)로 나뉜다.
  일반적으로 사용되는 산기관의 특성은 다음 표와 같다.

표 2-8. 일반적으로 사용되는 산기관 및 특징

산기관의 종류		산소전달효율	특 징
다공성	디스크	높음	반응조 바닥에 공기이송관을 설치하여 각 관 상부에 세라믹 디스크 산기관 부착
	돔 (dome)	높음	반응조 바닥근처의 공기배관 위에 장착된 돔, 형태의 세라믹 산기관
	맴브레인	높음	탄력적인 공극이 많은 멤브레인이 공기 배관 위에 장착된 디스크에 장착
	패널	매우 높음	유연한 플라스틱 공극 멤브레인으로 장착된 사각형의 패널
비다공성	고정식 오리피스/오리피스	낮음	장비들은 성형된 플라스틱으로 구성되어 있으며, 공기배관에 장착되어 있음
	슬롯 튜브	낮음	공기가 넓게 분산될 수 있는 천공과 슬롯을 함유하는 스테인레스-스틸 튜브
	고정식 튜브	낮음	고정형 수직 튜브는 반응조의 바닥에 장착

  다공성 산기관은 공기 분기관 (air-manifolds) 위에 설치되어 지거나, 고정되어 바닥에 근접한 곳과 한 두군데 측면을 따라서 탱크의 구간으로 이어진다. 또는 짧은 manifold header를 탱크의 한 쪽 측면 위에 이동이 가능한 drop pipe 위에 놓는다. 전체 탱크에 동일한 포기 (aeration)를 보급하기 위해서, 돔과 디스크 산기관 역시 포기 탱크의 바닥 위에 grid pattern을 설치한다. 다공성 산기관 제조에 있어서 수많은 자재들을 사용한다. 이들 자재들은 일반적으로 단단한 세라믹과 플라스틱 자재, 유연한 플라스틱, 고무 또는 천 외피로 나누어 진다. 세라믹 재료는 압축된 공기가 통과하는 통로를 서로 연결하는 망을 구축하기 위해서 서로 결합되어진 원형 또는 불규칙한 모양을 지닌 무기 입자들로 구성되어져 있다.

공기가 구멍 표면으로 나올 때, 구멍크기, 표면 장력, 그리고 공기 유속들이 방울 크기를 형성하는데 영향을 준다. 다공성 플라스틱 재료들은 점점 새롭게 발전하고 있다. 세라믹 재료와 비슷하게, 플라스틱은 압축된 공기가 통과하는 많은 연결되어 있는 수로 (channel) 또는 구멍들을 포함하고 있다. 부드러운 플라스틱 또는 인조 고무로 만들어진 얇고, 유동적인 외피 (sheath) 역시 개발되고 있으며, 디스크와 튜브에서 적용되기도 한다. 공기 통로는 외피 (sheath)안에 미세한 구멍들을 뚫어서 만들어진다. 공기가 나올 때, 외피 (sheath)가 팽창하고 각각 구멍이 가변적인 철조망 간격으로써 작용을 한다; 공기 유속이 점점 높아질수록, 간격들도 점점 커진다. 유동적인 폴리우레탄지를 사용하는 사각형 패널 또한 활성 슬러지 포기조에서 사용된다. 패널 (panel)은 스테인레스로 만들어지며, 탱크의 바닥에 가깝게 놓여지거나 고정시킨다. aeration panel에서 언급되어지는 장점에는 (1) 산소 이동과 시스템 에너지 효율성을 상당히 향상시키는 초미세 방울을 만들고, (2) 넓은 면적의 탱크 바닥으로 되어 있어서 교반과 산소 전달을 촉진시키고, (3) 막을 수축시켜 airflow을 증가시키거나, 충돌시켜서 오염 물질들을 방출시킬 수 있다. 단점에는 (1) 패널은 독자적인 모형이어서 경쟁적인 입찰면에서 빈약하고, (2) 막은 높은 손실수두를 지녀서 개조할 때 blower 성능에 영향을 주고, (3) 증가된 blower air filtration은 내부 오염을 방지해야만 한다는 것이다. 모든 다공성 산기관에서, 공급되어진 공기 정화 및 산기관에 걸리는 먼지 입자들을 제거하는 것이 필수적이어서 blower 입구에 필터를 설치한다. 점착성의 impingement와 건조-막 형태로 구성되어진 공기 필터가 흔하게 사용되고, 방수처리된 bag 필터와 정전기 필터가 사용될 때도 있다.

비다공성 산기관은 다공성 산기관보다 보다 큰 방울들을 만들며, 포기 효율성을 상대적으로 낮다. 하지만 저렴한 비용, 유지비, 그리고 엄격한 공기 정화 불필요 등의 장점들이 낮은 산소 전달 효율성과 에너지 비용을 보완할 수 있다. 오리피스 산기관에 대한 일반적인 시스템 배치는 다공성 돔과 디스크에 대한 배치와 거의 일치한다; 하지만, 좁거나 넓은 밴드 산기관 배치를 사용하는 single-dual-roll 나선형이 가장 흔하다.

기타 공기 산기 장치에는 Jet aeration, aspirating aeration, U-tube aration이 있다. Jet aeration은 공기 산기와 액체 펌핑을 결합시킨 것이다. 펌핑 시스템은 포기조에서 액체를 재순환시키고, 액체를 노즐 장치(nozzle assembly)를 통해서 압축된 공기와 함께 분출한다. 이 시스템은 특히 8m보다 깊은 탱크 수심에 적합하다. Aspirating aeration은 추진 모터 흡입 펌프(motor-driven aspirator pump)로 이루어져 있다. 펌프는 빈 튜브를 통해서 공기를 흡입하고 공기를 하수에 분출한다. 여기에서 높은 속도와 프로펠라 움직임이 와류를 만들고 공기 방울을 퍼지게 한다. 흡입 장치는 고정된 구조 또는 플로트(pontoon) 위에 놓을 수 있다. U-tube aeration은 두 지역으로 나누어지는 긴 기둥(shaft)으로 이루어져 있다. 높은 압력 하에서 밑으로 들어오는 유입 하수에 공기가 증가되어 진다: 혼합물은 튜브 밑으로 이동하며 바로 표면 뒤쪽으로 간다. 고압력은 용액으로 모든 산소를 가하기 때문에 공기-하수 혼합물이 되어지는 깊이에서 높은 산소 전달 효율성을 일어나게 한다. U-tube aeration은 특히 고농도 폐수에 적합하다.

산기관의 성능은 많은 요소에 의해서 좌우된다. 이에는 형태, 크기, 그리고 산기관 (diffuser)의 모양; 공기 유속; submersion의 깊이; 모관 (header)과 산기관 (diffuser) 위치와 관련된 탱크 기하학(geomerty); 그리고 하수 성질들이 포함된다. 포기 장치는 원래 깨끗한 물에서 측정을 하며, 결과는 많이 사용하는 전환 계수를 통해서 처리 공정 조건들에 맞춘다. 일반 깨끗한 물 이동 효율과 다양한 공기 산기 (diffused-air)장치들의 공기 유속을 다음 표에 도시하였다. 일반적으로, 표준 산소 전달 효율 (SOTE, standard oxygen transfer efficiency)는 깊이에 따라 증가하며 표의 값은 수심 4.5m 기준값이다.

표 2-9. 깨끗한 물에서 여러 가지 산기관의 산소 전달효율 자료

산기관 종류와 배치	공기량/산기관 (m^3/min)	표준산소전달율 (%)
격자형 세라믹 디스크	0.01 ~ 0.1	25 ~ 35
격자형 세라믹 돔	0.012 ~ 0.07	27 ~ 37
격자형 세라믹 판	06 ~ 1.5 (m^3/m^2min)	26 ~ 33
경질 다공성 플라스틱 관		
격자형	0.07 ~ 0.11	28 ~ 32
2중 나선형	0.08 ~ 0.3	17 ~ 28
단일 나선형	0.06 ~ 0.3	13 ~ 25
연질 다공성 플라스틱관		
격자형	0.03 ~ 0.2	26 ~ 36
단일 나선형	0.06 ~ 0.2	19 ~ 37
다공성 멤브레인 튜브		
격자형	0.03 ~ 0.11	22 ~ 29
Quarter point	0.6 ~ 0.17	19 ~ 24
단일 나선형	0.6 ~ 0.17	15 ~ 19
다공성 멤브레인 판넬		
분사식 포기	N/A	38 ~ 43
Side header	1.5 ~ 8.5	15 ~ 24
비다공성 산기관		
2중 나선형	0.1 ~ 0.28	12 ~ 13
중간 폭	0.12 ~ 1.25	10 ~ 13
단일 나선형	0.28 ~ 1.0	9 ~ 12

깨끗한 물에 필요한 산소 전달을 폐수로 전환하기 위해서 흔히 사용되는 계수들은 5-11절에서 보는 바와 같이 α, β, γ 가 있다. α 계수는 산기관 시스템의 물리적 특징, 반응조의 기하학 (geometry), 그리고 폐수의 특징에 따라 변하기 때문에, 폐수의 $K_L a$

비 대 깨끗한 물의 K_La 비인 α 계수는 특히 중요하다. 폐수 성분들은 특히 다공성 산기관 산소 전달에 영향을 주며, 이는 α 계수를 보다 낮게 한다. 세제, 용해성 고형물, 그리고 부유 고형물들과 같은 성분들의 존재는 방울 모형과 크기에 영향을 주며, 산소 전달 능력을 줄어들게 한다. 0.4~0.9까지 변하는 α 값은 미세 방울 산기관 시스템에서 보여주고 있다. 따라서, 적절한 α 값을 선택하는 것은 상당한 주의를 필요로 한다. 다공성 산기관 성능의 다른 측정 방법은 α와 αF로 정해진 오염 계수들의 조합이다. 많은 공정 내 연구에서, αF의 값은 0.5보다 작은 평균에서 0.11에서 0.79까지 넓은 범위를 가지고 있으며, 이 값은 예상했던 것보다 상당히 작다. αF의 변이성은 특정한 현장에서 볼 수 있고, 적절한 α와 αF 계수를 선택할 때 다공성 산기관 성능에 영향을 주는 환경적 요소들을 세밀하게 조사하고 평가하기 위해서 설계자의 필요성을 말해주고 있다. 제거된 BOD 무게 (kg)당 사용된 공기의 양이 각각 공장마다 크게 다르고, 위에서 언급된 계수뿐만 아니라 다른 부하량, 통제 기준, 그리고 운영 절차들 때문에 공장에서 공기 사용을 비교하는 데 위험성이 있다. 탱크의 한 쪽 면에 가해지는 높은 공기 유속은 산소 전달 효율성을 감소시키고 심지어 순환 속도를 증가시킴으로서 총 산소 전달을 감소시킨다. 이에 대한 결과는 작은 이동 표면(transfer surface)을 가진 보다 큰 방울뿐만 아니라 공기 방울의 보다 짧은 체류시간인 것이다. 다공성 산기관을 청소하는 방법에는 세라믹 금속판(plates) 재연소(refiring), 고압 물 살포기(water sprays), 브러싱(brushing), 또는 산이나 부식성 용액에 의한 화학적 처리로 이루어져 있다.

포기(aeration)에서 흔히 사용하는 송풍기(blowers)에는 원심 분리기(centrifugal), 회전판 양성 치환장치(rotary lobe positive displacement), 그리고 inlet guide vane-variable diffuser가 있다. 원심분리 송풍기(centrifugal blowers)는 단위 용량이 free air 기준 425m³/min 보다 큰 곳에서 주로 사용된다. 유출 압력은 일반적으로 48에서 62KN/m² 범위를 지닌다. 원심분리 송풍기는 일정한 저속 원심분리 펌프(low-specific-speed centrifugal pump)와 비슷한 운영 성질들을 가지고 있다. 송풍기의 운영점(operating point)은 수두 용량 곡선(head-capacity curve)과 시스템 곡선의 교차점에 의해서 정해지는데 이는 원심분리 펌프(centrifugal pump)와 유사하다. 폐수처리장에서 송풍기는 넓은 범위의 airflows에 가변적인 환경 조건 하에서 비교적 좁은 압력 범위를 가해줘야 한다. 송풍기는 보통 어떤 특정한 운영 조건 하에 효율적으로 유지할 수 있다. 폐수처리장에서 넓은 범위의 airflow와 압력을 유지하는 것이 중요하기 때문에, 송풍기를 통제하거나 전원을 차단하기 위해서 송풍기 시스템 설계안에 그 항목들이 들어가는 것이다. 통제 또는 차단을 하는 방법에는 (1) flow blowoff 또는 bypassing, (2) inlet throttling(입구 조절판), (3) 조절할 수 있는 discharge diffuser, (4) 가변 속도 추진기(variable-speed driver), 그리고 (5) 복합 공정의 병렬 운영(parllel operation)이 있다. Inlet throtting(입구 조절판)과 조절할 수 있는 discharge diffuser는 원심 분리 송풍기에만 적용할 수 있다; 가변 속도 추진기(variable-speed driver)는 양성-치환 송풍기(positive-displacement blower)에서 주로 사용된다. Flow blowoff와 bypassing 또한 원심 분리 송풍기의 과부하를 통제하는데 효과적인 방법이다. 송풍기가 0 용량과 최대 용량에서 번갈아가며 운행을 할 때 일어나는 현상으로서 이는 진동과 과열 현상을 일으킨다. 과부하는 송풍기가 낮은 용량의 범위에서 운행될 때 일어난다. 높은 부하 압력(discharge pressure application, >55kN/m^2)과 송풍량 425m^3/min 이하에서는 회전판 양성 치환 송풍기(rotary-lob positive-displacement blowers)가 주로 사용된다. 비교적 새로운 송풍 장치는 표준 원심분리 및 양성-치환 포기 송풍기와 관련된 고려사항들을 어느 정도 해결할 수가 있으며, inlet guide vane과 variable diffuser가 설치된 작동기을 병합한 single-stage centrifugal operation에 기반을 두고 있다. 특히 inlet 온도, 부하 압력, 그리고 유량에서 높은 변동을 매개로 하는 사용법에 적합하다. 송풍기 용량은 170kN/m^2 까지의 압력에서 85~1700m^3/min 범위를 가진다. 전반적인 운영에 있어서, 최대 용량의 40%까지의 침점 비율(turndown rates)이 운영 효율성에서 상당한 감소없이도 가능하다. 주요 단점에는 효율적인 운영을 보장하기 위해서 소요되는 비싼 초기 자본과 복잡한 컴퓨터 통제 시스템을 들수가 있다. 원심 분리 송풍기에 대한 성능 곡선이 압력 대 유입 공기 양 도표이며, 원심 분리 펌프에 대한 실행 곡선과 비슷하다. 성능 곡선은 일반적으로 압력이 감소하는 반면에 유입 양이 증가하는 하향곡선이다. 송풍기는 표준상태 즉, 온도 20℃, 기압 760mmHg, 그리고 상대 습도 36%인 곳에서 측정된다. 표준공기는 1.20kg/m^{3}의 밀도를 가진다. 공기 밀도는 원심 분리 송풍기의 성능에 영향을 준다. 유입 공기 온도와 대기 압력에서 변화는 압축된 공기의 밀도를 변화시킬 수 있다. 기체의 밀도가 점점 커질수록, 압력도 점점 높아진다. 결국, 보다 큰 동력이 압축 과정에서 필요하게 된다. 송풍기는 더운 여름 동안 적절한 용량을 가지도록 선택해야만 하고, 매우 추운 겨울동안에는 적절한 동력을 공급할 수 있는 동력 장치가 있어야 한다. 단열 압축에 필요한 동력은 다음 식과 같다.

$$P_w = \frac{wPT_1}{29.7\,n\,e}\left[\left(\frac{p_2}{p_1}\right)^{0.283} - 1\right]$$

여기서, P_w = 각 송풍기의 필요 동력, kW

w = 공기 무게, kg/s

R = 이상기체 상수, 8.314 kJ/k mol K

T_1 = 입구 절대 온도, K

p_1 = 입구 절대 압력, atm

p_2 = 출구 절대 압력, atm

$n = (k-1)/k$ = 공기에 대해서 0.283 (k = 1.395)

e = 효율성(보통 압축기의 범위 0.70~0.90)

송기관(air piping)은 본관, 밸브, 미터기, 그리고 압축된 공기를 송풍기에서 공기 산기관으로 이동시켜주는 다른 부품들로 이루어져 있다. 압력이 낮기($70kN/m^2$ 이하) 때문에, 가벼운 배관이 사용될 수 있다. 배관은 공기 header와 diffuser manifolds(산기관 다기관)의 손실을 산기관의 손실에 비해 작게하기 위하여 규격화해야 한다. 일반적으로, 마지막 flow-split 장치와 가장 멀리 있는 산기관 사이의 air piping에서의 손실수두가 산기관의 전반에 걸친 손실수두의 10%보다 작다면, 포기조을 통한 공기 분배가 유지될 수가 있다. 밸브와 control orifices가 파이프 설계에서 중요한 고려사항이다.

기계식 포기장치는 설계 및 운전특성에 따라 수직축 및 수평축 포기기의 2종류로 나뉘어진다. 각 종류들은 다시 표면 포기기와 수중 포기기로 나눌 수 있다. 표면 포기기는 산소가 대기로부터 공급되어지고, 수중 포기기는 대기에서 공급되거나, 어떤 경우 공기 또는 순산소가 포기조 바닥에서 공급된다. 각 경우, 포기기의 펌핑작용과 교반작용은 포기조를 혼합상태로 유지하도록 한다. 수직축 포기기(mechanical aerators with vertical axis)의 용량 범위는 0.75~100kW(1~150 hp)이다. 수직축 표면 포기기는 양수작용에 의해 상승류와 하향류를 유발하도록 설계된다. 이는 부유 구조물이나 고정된 구조물에 설치된 모터와 연결되어 완전히 또는 부분적으로 물속에 잠겨 있는 임펠러로 구성된다. 임펠러는 강철, 주철, 비부식성 합금 및 유리섬유로 강화된 플라스틱 등으로 만들어지며, 하수를 강하게 교반하여 하수 내로 공기를 유입하고 공기를 용해시켜 공기-물 계면에서의 빠른 산소전달을 유도한다. 표면 포기기는 사용되는 임펠러의 형태(원심형, 방사축형, 또는 축형)와 회전속도(고속 또는 저속)에 따라서 분류되기도 한다. 원심형 임펠러는 저속 포기기의 범주에 포함되며, 축류형은 고속으로 운전된다. 저속 포기기에서 임펠러는 전기 모터와 감속기어를 통해 구동된다. 모터와 변속장치는 보통 포기조 바닥에 설치된 기둥이나 탱크의 보로 지지되는 교각에 설치된다. 저속 포기기는 또한 부유체위에 설치되기도 한다. 고속 포기기에서는 임펠러가 전기모터의 회전부와 직접 연결되어 있으며 거의 대부분이 부유체 위에 설치되는데 원래 수위 변화가 심한 연못이나 라군 또는 고정시킬수 없는 장소에서 사용하기 위해 개발된 것이다. 기계식 수중 포기기는 공기나 순산소를 임펠라 하부나 방사형 포기기의 하향류에 의하여 하수에 확산시킨다. 임펠러는 공기방울을 분산시키고 탱크를 혼합시키는데 사용된다. 통기관(draft tube)은 포기조 내 순환유체의 흐름형태를 제어하기 위하여 하향류 또는 상향류형이 사용된다. 통기관은 원통형이며, 보통 끝부분이 나팔모양으로 되어 있고, 중심부에 임펠러가 위치한다. 수평축 기계식 포기기(mechanical aerators with horizontal axis) 중 표면 포기기는 Kessener brush aerator를 발전시킨 것으로 산화구에서 하수의 순환과 포기를 위해 사용된다. Brush형 포기기는 수면 바로 위에 설치된 털이 달린 수퍼원통이다. 털은 물속에 잠겨 있고 원통이 전기 모터에 의해 빠른 속도로 회전하여 하수를 튕겨주면서 물을 순환하게 하여 공기를 공급하게 된다. 최근에는 털 대신 angle steel, 다른 모양의 steel 또는 플라스틱 막대나 날개가 쓰인다. 수평축 수중 포기기는 표면 포기기와 원리는 같으나 하수를 교반시키기 위해 회전축에 부착된 원판이나 paddle을 사용된다. 원판 포기기는 수로나 산화구 포기에 널리 응용되고 있다. 원판은 직경의 1/9~3/8 정도가 하수 중에 잠겨 연속적으로 회전한다.

기계식 포기기는 표준상태에서 동력에 대한 시간당 공급되는 산소량(kg 산소/kW-hr)으로 표시되는 산소전달 효율로 그 성능을 평가한다. 포기기의 평가시험은 20℃에서, 용존산소가 0.0mg/L인 표준상태에서 수돗물을 사용하여 수행한다. 실험과 효율 산정은 통상 sodium sulfite로 산소를 제거한 후 비정상 상태에서 수행한다. 상품화된 표면 포기기의 효율은 1.20~2.4kg산소/kW.h 정도인데 여러 형태의 기계식 포기기의 산소전달에 관한 자료는 표 5-31과 같다. 그러나 포기기의 성능은 각 경우에 따라 상이하므로 사용할 포기기 모델과 용량에서 실제 실험결과에서 얻은 자료를 설계에 적용해야 한다.

표 2-10. 기계식 포기기의 일반적인 산소전달능력 범위

포기기 종류	산소 전달율, kg O^2/hw.h	
	표준상태	현장조건
저속 표면 포기기	1.5-2.1	0.7-1.5
Draft tube형 저속 표면 포기기	1.2-2.8	0.7-1.3
고속 표면 포기기	1.1-1.4	0.7-1.2
Downdraft turbine 표면 포기기	1.2-2.0	0.6-1.1
Sparger 있는 수중 turbine 포기기	1.1-2.1	-
수중 impeller식 포기기	1.2-2.0	0.7-1.0
brush와 blade 장착 표면 포기기	15.-2.1	0.5-1.1

2.12. 소독(disinfection)

소독은 질병을 유발하는 미생물(organisms)의 선택적 제거를 의미하며, 모든 미생물을 사멸하는 멸균(sterilization)과는 다르다. 소독의 메카니즘은 (1) 세포벽에 손상을 주고, (2) 세포의 투과력을 바꾸고, (3) 원형질의 콜로이드 성질을 바꾸며, (4) 미생물의 DNA 및 RNA를 바꾸고, (5) 효소활동을 방해하는 것이다. 일반적으로 폐수의 소독에 사용되는 방법은 화학적 소독과 물리적 소독이 있다. 화학적 소독제는 (1) 염소와 염소화합물, (2) 브롬, (3) 요오드, (4) 오존, (5) 페놀과 페놀 화합물, (6) 알콜, (7) 중금속과 관련 화합물, (8) 염료, (9) 비누와 합성세제, (10) quaternary 암모니

아 화합물, (11) 과산화수소, (12) peracetic acid, (13) 여러 가지 알칼리, (14) 여러 가지 산등이 있다. 이중 가장 보편적인 소독제는 염소(염소, 차아염소산나트륨, 차아염소산칼슘, 이산화염소)이고, 폐수에 따라 오존, 산, 알칼리가 사용되기도 한다. 물리적 소독제로는 열, 빛, 음파가 사용될 수 있다. 예를 들어, 끓는점까지 물을 끓이면 포자를 생성하지 않는 대부분의 질병유발 박테리아를 파괴시킬 수 있다. 가열은 보통 음료와 유가공 산업에서 사용된다. 빛도 좋은 소독제로서 소독은 주록 전자기 스펙트럼의 자외선에 의한 것이다. 자외선 광선를 방출하기 위해 개발되어진 특별한 램프가 폐수 처리에 성공적으로 적용되고 있다. 이 공정의 효율은 물속으로 침투되는 광선에 따라 좌우된다. 부유물질, 용존유기분자, 물 자체 그리고 미생물 또한 광선을 흡수하기 때문에 자외선 광원과 물이 접촉하는 기하학적 형상이 매우 중요하다.

표 2-11. 일반적으로 사용되는 소독제 특성 비교

특성	염소	차아염소산 나트륨	차아염소산 칼슘	이산화염소	오존	자외선
유용성	낮은 비용	비교적 낮은 비용	비교적 낮은 비용	비교적 낮은 비용	비교적 높은 비용	적당히 높은 비용
무취성	높음	적절	적절	높음	높음	적용안됨
균질성	균질	균질	균질	균질	균질	적용안됨
외부물질과의 반응성	유기물산화	활성있는 산화제	활성있는 산화제	높음	유기물산화	자외선 흡수
비부식/비염색	높은 부식성	부식성	부식성	높은 부식성	높은 부식성	적용안됨
비독성	고등생물에 대한 독성이 큼	독성	독성	독성	독성	독성
침투성	높음	높음	높음	높음	높음	보통
안전성	높음	보통	보통	높음	보통	낮음
용해성	보통	높음	높음	높음	높음	적용안됨
안정도	안정	약간불안정	비교적 안정	불안정, 사용시에만 제조	불안정, 사용시에만 제조	적용안됨
미생물에 대한 독성	높음	높음	높음	높음	높음	높음
상온에서의 독성	높음	높음	높음	높음	높음	높음

3장. 물리화학적 처리 공정

3.1. 유량 조정(flow equalization)

　많은 생산 공정에서 폐수의 발생은 간헐적으로 진행되므로, 폐수 처리 공정에 유입되는 유량을 조절하기 위해 유량 조정조를 설치하는 경우가 많다. 유량 조정조의 크기는 유출 유량이 24시간 동안 균일하게 유지될 수 있는 양으로 설계한다. 또한 가능한 완전혼합 반응조로서 최적의 형상을 만드는 것이 중요하므로 조정조를 길게 만드는 것을 피해야 하고 유입부와 유출부의 형상은 단락류가 최소가 되도록 배치하여야 한다. 교반기 근처로 유입수가 들어오게 하면 단락류가 줄어든다. 주어진 면적에 긴 형태로 밖에 놓을 수 없다면 유입부와 유출부를 여러개 사용하는 것이 필요하다. 조를 설계할 때 청소도구가 쉽게 접근할 수 있도록 하여야 한다. 청소비용이나 냄새문제를 줄이기 위해 여러 단으로 만드는 것이 바람직하다.

3.2. 침전(sedimentation)

　대부분의 처리장에서는 기계적으로 침전물을 제거하기 위해 장방형(rectangular settling tank), 원형(circular settling tank) 또는 고율(high-rate clarifier) 침전조를 설치한다. 한 개의 침전지가 수리 및 유지관리를 위하여 물을 비워야 할 때에도 운전에 지장이 없도록 2지 이상 설치해야 한다.
　침전조의 설계 인자는 표면부하율(surface loading rate), 체류시간(detention time), 웨어부하율(weri loading rate), 소류속도(scour velocity)이다. 기본적으로 제거하고자 하는 입자의 침전 속도 보다 낮은 표면부하율이 필요하다. 침전조의 체류시간은 하수 일차 침전조의 경우는 1.5-2.5 시간이 표준적으로 적용되지만, 폐수 처리에서는 폐수의 성상, 응집제 주입 여부, 생물학적 처리 적용 여부 등에 따라 상이하므로, 문헌과 실험을 통해 도출되어야 한다. 웨어 부하율은 유출수가 월류되는 부분인 웨어(weir)의 길이로 유량을 나눈 값을 의미한다. 소류속도는 입자가 바닥에서 부터 떠오르게 되는 수평속도를 의미하며, 침전조의 수평속도는 소류속도보다 낮아야 한다.

$$V_H = \left(\frac{8k(s-1)gd}{f} \right)^{1/2}$$

여기서 V_H = 소류속도, LT^{-1} (m/s)
  k = 소류되는 물질에 따른 상수 (무차원)
  s = 입자의 단위 중량
  g = 중력가속도, LT^{-2} (9.81 m/s²)
  d = 입자의 직경, L
  f = Darcy-Weisbach의 마찰계수 (무차원)

장방형 침전지는 체인 작동식이나 이동가교식 슬러지 수거기를 사용한다. 체인작동식 슬러지 수거기를 사용한 장방형 침전지는 그림 5-40과 같다. 이러한 형태의 침전 슬러지의 제거장치 구조는 대개 합금강, 주철, 또는 열플라스틱(thermoplastic) 등으로 제작된 두 개의 무한 궤도 컨베이어 체인으로 이루어져 있다. 나무 또는 화이버글라스제의 슬러지 제거판이 탱크의 전 길이에 걸쳐 약 3m 간격으로 체인에 부착되어 있다. 침전지 안에 침전된 고형물은 소형 침전지에서는 슬러지 호퍼로, 대형 침전지에서는 조 내부를 가로질러 설치된 도랑으로 긁어 모아진다. 가로질러 설치된 도랑에는 체인이나 스크류식 수거기와 같은 수집장치(횡방향 수집기)가 있어 침전물을 여러 개의 슬러지 호퍼로 보낸다. 매우 긴 침전지(50m 이상)에서는 침전지의 길이 중간근처에 설치된 수거장소로 슬러지를 긁기 위해 두 개의 수거장치가 동시에 사용될 수도 있다. 가능하면 수거 호퍼와 가까운 곳에 슬러지 펌핑 시설들을 배치하는 것이 바람직하다.

원형 침전지 내에서는 유체흐름이 방사상 형태를 나타낸다(장방형 침전지에서는 수평형태임). 방사상 형태로 흐르도록 하기 위하여 폐수는 침전지 중앙부나 원 주위로부터 유입시킬 수 있다. 중앙 유입식서는, 폐수가 다리에 매달린 파이프를 통하거나, 조바닥에 콘크리트로 쌓인 파이프를 통해 조 내부로 유입된다. 조 내부 중앙에서 하수는 각 방향으로 골고루 분산되도록 설계된 원형통으로 들어간다. 이 통의 직경은 보통 침전지 직경의 15~20%이며 길이는 1~2.5m이고, 유입구 내부에 접선방향으로 과도한 유속에너지를 분산시켜 저감시키는 장치를 가지고 있다.

3.3. 부상(flotation)

부상분리는 액체 상태로부터 고체 또는 액체 입자를 분리하는데 사용되는 단위 조작 중의 하나이다. 아주 작은 기체(보통은 공기)방울을 액체 속에 넣어줌으로서 분리가 일어난다. 공기방울은 입자성 물질에 달라붙어, 입자와 공기방울이 합해진 부력이 입자를 물 위로 떠오를 수 있게 해준다. 따라서 액체보다 밀도가 무거운 입자도 뜨게 할 수 있다. 또한 액체보다 밀도가 가벼운 입자를 떠오르게 하는 데도 사용될 수 있다(예를 들어, 물 속에 기름이 분산되어 있을 때).

폐수처리에서 부상분리는 주로 부유물질을 제거하고 생물학적 슬러지를 농축시키기 위해 사용된다. 부상분리가 침전분리보다 좋은 점은 천천히 침전하는 작고 가벼운 입자들을 단시간 내에 완전히 제거할 수 있다는 것이다. 입자들이 표면에 떠오르면 스키밍 작용(skimming operation)에 의해 모아서 제거할 수 있다. 이와 같은 방법을 사용시 여러가지 화학적 첨가물을 가함으로서 제거효율을 높일 수 있다.

공기방울은 다음 중 한 가지 방법으로 주입하든지 생성하도록 한다.
1. 액체가 압력을 가진 상태에서 공기를 주입한 후 압력을 제거한다(용존공기 부상분리).
2. 대기압하에서 포기시킨다(공기부상분리).

용존공기 부상 분리법(Dissolved-Air Flotation, DAF)에서는 5~7기압 하에서 공기를 하수 중에 용존시킨 후 다시 압력을 대기압까지 감소시킨다. 소규모 시설에서는 전체 유량을 펌프로 275~350kPa까지 압력을 높여주고 펌프의 흡입 측에 압축공기를 공급한다. 전체유량은 압력을 받고 있는 저류조 안에 5~7분 체류하는 동안에 공기는 녹아 들어가게 된다. 압력을 받고 있는 유량은 감압밸브를 통하여 부상분리조로 들어가서 전체 액체로부터 공기가 미세한 방울로 되어 빠져나오게 된다. 대규모 시설에서는 DAF 유출수의 일부분(15~120%)만이 다시 순환되어, 가압하여 공기에 의해 부분적으로 포화된다(그림 5-53b 참조). 순환된 유량은 부상분리조로 들어가기 직전에 가압되지 않은 원수와 혼합되어, 그 결과 공기가 용액으로부터 빠져나와 탱크의 입구에서 입자상 물질과 접촉하게 된다. 압력을 사용하는 방법은 주로 폐수처리나 슬러지의 농축에 많이 사용되어 왔다.

공기부상분리법(dispersed-air flotation)에서는 회전하는 임펠러나 산기관을 통하여 액체상태 속으로 기체상태를 직접 주입함으로서 공기방울을 형성하게 한다. 회전 임펠러는 펌프로서 작동한다. 이 장치는 유체가 분산기 구멍을 통과하도록 하고, 입관(stand pipe)에 진공을 만든다(그림 5-54 참고). 진공은 입관 안으로 공기를 밀어 넣고, 공기를 액체와 함께 완전히 교반을 한다. 기체/액체 혼합물이 분산기를 통해서 가기 때문에, 기체가 매우 미세한 물방을 만들게 하는 교반력이 만들어진다. 액체가 장치에서 나가기 전에 액체가 연속 셀을 통해서 이동한다. 기름 입자와 부유고형물들이 표면으로 부상할 때, 입자들이 물방울에 붙게 된다. 기름과 부유 고형물들은 표면에 농축된 기포 안으로 모아지고, 스킴밍 패들로부터 제거가 되어진다. 공기부상분리법의 장점은 (1) 소형 크기, (2) 저렴한 자본 비용, (3) 유리된 기름과 부유 고형물을 제거하는 용량이 비교적 크다는 것이다. 공기부상분리법의 단점은 가압 시스템보다 더 높은 접촉력을 요구하는 것이다. 또한, 성능이 철저한 수리학적 통제, 다소 작은 응집 가동성에 좌우된다는 것이다. 부유상태의 스킴밍의 양은 가압 장치보다 상당히 높다: 용존 공기 시스템에서 1% 이하와 비교할 때, 유입수중에 3~7%을 차지한다.

부상분리를 돕기 위하여 화학약품이 종종 사용된다. 이러한 화학약품들은 대부분 공기방울을 흡수하거나 포집하기 좋은 표면이나 구조를 만들어주는 기능을 가진다. 알루미늄이나 철염 또는 활성실리카 같은 무기 화학물질들은 입자상 물질을 서로 묶어 공기방울을 포집하기 쉽도록 구조를 형성할 수 있다. 여러 가지 유기고분자 응집제는 기체와 액체의 경계면이나 고체와 액체의 경계면의 성질을 바꾸는 데 사용된다. 이러한 화합물들은 계면에 모여져서 필요한 변화를 가져오게 한다.

3.4. 오존 및 고도산화(ozone and advanced oxidation process)

고도산화공정(AOP)은 폐수에서 발견되는 생물학적으로 분해되기 어려운 복잡한 유기물질을 단순한 최종산물로 산화시키기 위하여 이용되어진다. 화학적 산화제가 이용될 때, 주어진 화합물을 완전히 산화시키는 것은 필요하지 않다. 많은 경우에 부분적인 산화를 통하여 연속적인 생물학적 처리를 쉽게 하거나 독성을 줄이는데 더 효과적이다. 고도산화공정은 하수 성분을 농축시키거나 다른 상으로 변화시키지 않고 분해를 시킴으로서 앞에서 언급한 이온교환이나 탈기와는 다른 특성을 갖는다. 이차적인 폐기물이 발생하지 않기 때문에 처분하거나 재생해야하는 물질이 발생이 없다

일반적으로 고도산화공정들은 일반적인 산화제, 즉 산소, 오존과 염소로 분해할 수 없는 화합물을 분해시킬 수 있는 강력한 산화제로서 수산화 자유 라디칼 (HO˙)을 만들어 이를 이용한다. 다른 산화제와 비교하여 수산화 라디칼의 상대적 산화력은 다음 표에 요약되어 있다. 플루오르는 예외이지만, 수산화 라디칼은 알려져 있는 가장 활성적인 산화제 중의 하나이다. 수산화 라디칼은 용존 성분과 반응하고, 구성 성분이 완전히 분해될 때까지 연속적인 산화반응을 하게 된다. 비선택적인 공격과 정상적인 온도와 압력하에서 반응할 수 있으므로, 수산화 라디칼은 다른 산화제와 비교하여 화합물의 특정 군에 대한 고려없이 널리 사용될 수 있는 산화제이다. 수산화 자유 라디칼을 만드는데 사용되는 기술의 예는 다음과 같다.

표 3-1. 산화제 산화력 비교

산화제	전기화학적 산화 전위 (EOP), V	염소에 대한 EOP의 상대값
플루오르	3.06	2.25
수산화라디칼	2.80	2.05
산소 (대기상)	2.42	1.78
오존	2.08	1.52
과산화수소	1.78	1.30
하이포아염소산염	1.49	1.10
염소	1.36	1.00
이산화염소	1.27	0.93
산소 (분자상)	1.23	0.90

표 3-2. 수산화 자유 라디칼 생성 방법

오존에 기초를 둔 공정	비 오존에 기초를 둔 공정
높은 pH에서의 오존(pH>10)	H_2O_2 + UV
오존 + UV_{254}(가스상으로 적용 가능)[b]	H_2O_2 + UV + 황산염(펜톤 반응)
오존 + H_2O_2[b]	전기 빔 발광
오존 + UV_{254} + H_2O_2	전기 수화 캐비테이션
오존 + TiO_2	자외선
오존 + TiO_2 + H_2O_2	비열 플라즈마
오존 + 전기 빔 발광	맥동 코로나 방출
오존 + 자외선	광분해(UV + TiO_2)
	감마선 조사
	분해성 산화
	초임계 물 산화

　오존 자체는 고도산화공정에 해당되지 않지만, 다른 인자와 결합하여 수산화라디칼을 만드는 데 사용된다. 오존은 산소 분자가 산소 원자로 해리할 때 생산되는 불안정 가스이다. 오존은 전기분해, 광화학적 반응, 또는 전기 방출에 의한 방사화학 반응에 의해 생산 될 수 있다. 오존은 종종 자외선 광선과 심한 뇌우 동안의 번개에 의해서도 생성된다. 전기 방출 방법은 용수나 하수의 소독에서 오존의 발생을 위해 사용된다. 오존은 표준 실내기온에서 푸른색의 가스이고 두드러진 냄새를 가지고 있다. 오존은 $2 \times 10^{-5} \sim 1 \times 10^{-4}$ g/m³(0.01~0.05ppmv)의 농도에서 감지될 수 있다. 냄새를 지니고 있기 때문에, 오존은 보통 건강에 대한 문제점이 나타나기 전에 발견 될 수 있다. 대기에서 오존의 안정성은 물에서 보다 더 크지만, 두 가지의 경우 모두 크지 않다. 가스상 오존은 농도가 240g/m³(대기의 20% 무게)에 도달했을 때 폭발한다. 물에서의 오존

의 용존성은 헨리법칙(Henry's law)에 의해 지배된다. 오존의 성질은 다음 표에 요약되어 있다. 오존에 의해 나타나는 화학적 성질은 다음과 같이 수행되는 분해반응에 의해 묘사된다.

$$O_3 + H_2O \rightarrow HO_3^+ + OH^-$$
$$HO_3^+ + OH^- \rightarrow 2HO_2$$
$$O_3 + HO_2 \rightarrow HO + 2O_2$$
$$HO + HO_2 \rightarrow H_2O + O_2$$

표 3-3. 오존의 특성

성질	단위	값
분자량	g	48.0
끓는점	℃	-119.9±0.3
녹는점	℃	-192.5±0.4
111.9℃에서 기화의 잠열	kJ/kg	14.90
-183℃에서 액체 밀도	kg/m³	1574
0℃, 1atm에서 증기 밀도	g/mL	2.154
Henry 상수	atm/mole	
0℃		1940
5℃		2180
10℃		2480
15℃		2880
20℃		3760
25℃		4570
30℃		5980
20℃에서 물의 용해도	mg/L	12.07
-183℃에서 증기압	kPa	11.0
0℃, 1atm에서 건조공기에 비교되는 증기 밀도	-	1.666
0℃, 1atm에서 증기의 비부피	m³/kg	0.464
임계온도	℃	-12.1
임계압력	kPa	5532.3

UV를 이용해 자유 수산화 라디칼을 만드는 것은 다음과 같이 설명할 수 있다.

$O_3 +$ UV(혹은 hv, $\lambda < 310$ nm) $\rightarrow O_2 + O(^1D)$

$O(^1D) + H_2O \rightarrow HO^\bullet + HO^\bullet$ (젖은 공기에서)

$O(^1D) + H_2O \rightarrow HO^\bullet + HO^\bullet \rightarrow H_2O_2$(물)

여기서, O_3 = 오존

UV = 자외선 조사 (혹은 hv=에너지)

O_2 = 산소

$O(^1D)$ = 방출되어진 산소 원자, 기호 (^1D)는 원자와 분자 구성을 언급할 때 이용되는 분광학적 표현임 (혹은 단일 산소)

$HO^\bullet$ = 수산화 라디칼, 수산화기에 나타나 있는 기호 (·)은 결합되지 못한 쌍을 표현하는데 이용되는 것임

위 식에서 언급되었듯이, 젖은 공기내에서 오존의 광분해는 수산화기를 만들어낸다. 물에서 오존의 광분해는 과산화수소 형태를 만들어낸다. 물에서 오존의 광분해는 과산화수소를 만들고, 이것은 연속적으로 수산화라디칼로 광분해되므로, 이와 같이 오존을 함께 사용하는 것이 비용 효율적이다. 공기에서 오존/UV공정은 직접적인 오존화, 광분해 혹은 수산화라디칼을 이용한 반응을 통하여 화합물을 분해할 수 있다. 오존/UV공정은 관심있는 화합물이 수산화 라디칼과 반응할 뿐만 아니라, UV흡수를 통하여 분해된다.

UV를 흡수하지 않는 화합물에 있어서, 오존/과산화수소 공정이 더 효율적일 수 있다. 과산화수소와 오존을 이용하여 $HO^\bullet$를 만들어 TCE와 PCE와 같은 화합물을 상당히 감소시킬 수 있다. 과산화수소와 오존을 이용한 수산화라디칼의 생산에 중요한 반응은 다음과 같다.

$$H_2O_2 + 2O_3 \rightarrow HO^\bullet + HO^\bullet + 3O_2$$

오존없이 과산화수소와 UV를 이용하여 수산화 라디칼을 생산할 수도 있다. 이 경우 수산화 라디칼은 H_2O_2를 가진 물이 UV (200~280 nm)에 노출되었을 때, 형성되어진다. H_2O_2의 광분해를 표현하는 반응식은 다음과 같다.

$$H_2O_2 + UV \text{ (혹은 } h\nu, \lambda = 200 \sim 280 \text{ nm)} \rightarrow HO^\bullet + HO^\bullet$$

3.5. 활성탄(activated carbon)

일반적으로 활성탄 흡착은 난분해성 유기물질의 제거뿐만 아니라 질소, 아황산염(sulfide), 그리고 중금속과 같은 잔류 무기화합물의 제거에 사용된다. 저분자량 극성 유기물에 대해서도 입상활성탄과 분말활성탄을 사용할 수 있지만 흡착 친화력은 낮다. 만약 활성탄 접촉조나 기타 생물학적 단위 공정에서 생물학적 활동도가 낮다면 이러한 물질들은 활성탄에 의해 제거되기 어렵다.

입상활성탄(GAC)는 주로 상향류나 하향류 접촉조 형태로 적용된다. 전형적인 시스

템은 가압식 또는 중력 유하식이고, 2개 또는 3개의 컬럼이 직렬로 연결된 상향류 혹은 하향류의 고정상(fixed-bed) 장치가 쓰이거나 팽창상(Expanded bed) 상향 역류식(upflow-countercurrent type)이 사용된다. 고정상 접촉조는 폐수와 GAC를 접촉시키기 위해 가장 많이 사용된다. 고정상 접촉조는 단독, 직렬 또는 병렬로 운전될 수 있다. 일반적으로는 하향류가 주로 이용되며, 이때 처리하고자 하는 물은 컬럼의 상부에서 공급되어 하부로 배출된다. 활성탄은 컬럼 바닥의 배출시스템 위에 위치시킨다. 활성탄 컬럼내에서 입자선 부유물질이 제거됨에 따라 손실수두의 증가를 막기 위하여 폐수처리에서는 역세척과 표면세척 설비가 제공되고 있다. 역세척은 공교롭게도 다음에 설명할 흡착면을 파괴시키는 효과를 갖는다. 하향류 설계의 장점은 유기물질의 흡착과 부유물질의 여과가 단일 과정에서 이루어진다는 점이다. 상향류 고정상 반응조를 사용하더라도 역세척으로 입자성 물질을 제거하기 어려운 층 하부에 입자성 물질이 축적되는 것을 줄이기 위해 하향류 고정상 반응조가 상향류 고정상 반응조보다 더 일반적으로 사용된다. 용해성 유기물질의 제거 효율이 높지 않으면 활성탄을 더 자주 재생할 필요가 있다. pH, 온도 그리고 유량이 일정하지 않으면 활성탄 접촉조의 효율은 저하된다. 손실수두의 증가와 관련한 문제점을 해결하기 위하여 팽창상(Expanded-bed), 유동상(Moving-bed), 맥동상(Pulsed-bed) 활성탄 접촉조들이 개발되어 왔다. 팽창상 시스템에서 유입수가 컬럼 하부로부터 들어와서 팽창되는 것은 역세척시에 여과상이 팽창되는 것과 비슷하다. 컬럼 하부의 활성탄 흡착능력이 고갈되면 하부의 활성탄을 제거하고 동일한 양의 재생활성탄이나 새로운 활성탄을 컬럼 상부에 주입한다. 이런 시스템에서 손실수두는 운전점(operating point)에 도달하면 더 이상 증가하지 않는다. 일반적으로 팽창상 상향류 접촉조에는 하향류 접촉조에서 보다도 유출수에 더 많은 활성탄 입자가 있다. 그 이유는 상의 팽창으로 활상탄 입자가 충돌하고 마모되어질 때 활성탄 미세 입자가 생성되고 팽창상에 의해 형성된 통로를 통하여 이 미세입자가 유출되기 때문이다.

 GAC 층에서 흡착이 일어나고 있는 부분을 물질전달 영역(mass transfer zone, MTZ)라고 한다. 제거할 물질이 있는 물이 MTZ의 길이와 같은 깊이의 층 영역을 통과한 후 물속의 오염물질의 농도는 최소값으로 감소하게 될 것이다. MTZ 이하의 층 내에서 흡착은 더 이상 일어나지 않는다. 활성탄입자의 상부층이 유기물질로 포화되면 MTZ는 파과가 일어날 때까지 층 아래로 이동할 것이다. 일반적으로 파과는 유출수 농도가 유입수 농도의 5%에 도달할 때 발생한다고 한다. 또한 흡착층은 유출수 농도가 유입수 농도의 95%가 될 때 흡착기능을 상실했다고 본다. 대체로 MTZ 길이는 활성탄컬럼과 특성에 적합한 수리학적 부하율의 함수이다. 극단적으로 말해서 수리학적 부하율이 너무 크면, MTZ의 높이는 GAC층의 깊이보다 커지게 되고, 흡착가능한 물질이라 할지라도 활성탄에 의해 완전히 제거되지 못한다. 활성탄의 성능이 완전히 고갈되는 시점에서 유출수 농도와 유입수의 농도가 같아진다. 적용된 수리학적 부하율과 더불어 파과곡선의 형태는 적용된 액체가 흡착이 불가능한 성분과 생분해 가능한 성분을 포함하고 있는지 여부에 따라 다르다. 액체에 흡착이 불가능한 성분이 있으면 활성탄 흡착 컬럼의 운전과 동시에 흡착이 불가능한 성분이 유출수에 나타난다. 흡착이 가능하고 생분해 가능한 물질이 적용된 액체에 존재하면 파과곡선의 C/C_o 값은 1.0에는 도달하지 않지만 저하될 것이고, 측정된 C/C_o 값은 유입성분의 생분해성에 좌우될 것이다. 그 이유는 흡착용량이 남아있더라도 생물학적인 활성도가 계속되기 때문이다. 액체에 흡착이 불가능하고 생분해 가능한 성분들이 있다면 관측된 파과곡선은 0에서 시작하지 않을 것이고 1.0에서 끝나지도 않을 것이다. 위 결과는 폐수 처리, 특히 COD 제거에서 흔히 관찰된다. 입상여재에서 분산, 확산, 수로형성은 유량과 직접적으로 관련되어 있기 때문에 MTZ의 높이는 유량에 따라 변한다. 대칭 파과 곡선에 대해서 물질전달 영역의 높이, HMTZ는 컬럼 높이 Z와 처리량 V_B와 V_E에 따라 변하고 그 관계를 다음 식과 같이 나타낼 수 있다

$$H_{\mathrm{MTZ}} = Z\left[\frac{V_E - V_n}{V_E - 0.5(V_E - V_n)}\right]$$

여기서, H_{MTZ} = 물질전달영역 길이, m
Z = 흡착 컬럼의 높이, m
V_E = 성능이 다 될 때까지 처리량, L, m³
V_B = 파과까지 처리량, L, m³

실제로 활성탄 흡착 컬럼 밑부분에 있는 활성탄의 용량을 이용하는 유일한 방법은 파과로 인해 유출수 수질에 영향을 주지 않기 위해서 두 개 이상의 컬럼을 직렬로 연결하고 성능이 다 되면 순서를 바꾸거나 여러 개의 컬럼을 병렬로 연결하는 것이다. 연속처리에 필요한 컬럼의 개수와 치수를 결정하기 위해서 최적의 유량, 층의 깊이 그리고 활성탄의 운전용량율을 알아야 한다. 아래에 언급되었듯이 이러한 인자들은 동역학컬럼시험 (dynamic column tests)으로 결정할 수 있다.

분말활성탄(PAC)은 생물학적 처리공정의 유출수에 주입되거나, 또는 생물학적 처리공정이나 물리화학적 처리 공정 안에 직접 주입되어 왔다. 생물학적 처리장의 유출수에 투입하는 경우, PAC는 접촉조 안에 주입 된다. 일정한 접촉시간이 지나면, 활성탄은 탱크내에 가라 앉고 처리수는 탱크로부터 배출된다. 활성탄은 매우 미세하기 때문에 고분자전해질과 같은 응집제나 급속 모래 여과가 이 활성탄 입자를 제거하기 위해 필요하다. 활성슬러지 처리장의 포기조에 직접 PAC를 투입하면 녹아있는 많은 난분해성 유기물질의 제거가 효과적이라고 알려져 있다.

3.6. 표면여과(surface filtration)

표면여과는 얇은 격벽(septum; 여재)을 통해 액체를 통과시켜 기계적 체거름에 의해 액체 안의 부유입자들을 제거하는 것이다. 기계적 체거름은 주방 싱크대의 여과기와 유사하다. 여과 격벽으로 사용되는 물질에는 엮여진 금속 직물, 섬유 직물, 합성물질 등이 있다. 다음 절에서 설명할 막여과(미세여과와 한외여과)도 일종의 표면여과이긴 하지만, 여재의 공극 크기(pore size)가 다르다. 섬유 여재(Cloth-medium) 표면여과의 공극 크기가 5~30mm 정도인데 반해, 미세여과와 한외여과의 공극 크기는 각각 0.05~2.0mm, 0.005~0.1mm이다. 각각 막여과에서는 0.0001~1.0 정도이다. 표면여과는 (1) 심층여과를 대체한 2차처리 유출수 내 잔류 부유물질 제거, (2) 안정지 유출수의 부유물질 및 조류 제거, (3) 미세여과 또는 UV 소독의 전처리 등 다양한 용도로 활용되어 왔다. 최근들어 표면여과의 우수한 유출수 수질, 작은 부지 사용량, 낮은 역세척 요구량, 관리의 용이성으로 인해 이에 대한 관심이 더욱 증가하고 있다. 본 절에서는 표면여과 기술, 성능, 설계 고려사항을 다룬다.

주요 표면여과 장치 유형을 다음 표에 서술하였다. 경사 표면여과와 카트리지 여과를 제외한 유형들은 2차처리수에 적용된다. 또한 이중 일부는 안정지 유출수에 적용된다.

표 3-4. 유출수 여과에 적용되는 표면여과 기술

type	description
(a) 섬유여재 여과(CMF)	Aqua-Aerobic Systems의 AquaDisk®라는 상표명으로 알려진 섬유여재 여과는 반응조 내 수직축에 물린 여러 디스크로 구성된 공정이다. 각 디스크는 여섯개의 동일한 segment로 구성된다. 운전 시 유입수가 중력에 의해 디스크 밖으로부터 여재를 통과해 내부의 수집 시스템으로 흐른다. 일반적으로 폴리에스터 니들펠트 또는 합성 파일직물 섬유가 사용된다. 손실수두가 설정값에 도달할 경우 디스크 양면에 위치한 진공 흡입 헤드가 작동하여 디스크 회전에 의해 축적된 고형물을 제거한다.
(b) 다이아몬드형 섬유여재 여과(DCMF)	Aqua-Aerobic Systems의 AquaDisk®라는 상표명으로 알려진 다이아몬드형 섬유여재 여과는 다이아몬드 모양의 단면을 가진 섬유여과 요소들로 구성된다. 설정된 손실수두에 도달한 섬유여과 요소들은 필터 길이 방향으로 전후 이동하는 진공 청소기에 의해 세척된다. 여과 요소 하단의 반응조 하부에 침전된 고형물은 주기적으로 진공 헤더에 의해 제거된다. 다이아몬드 모양의 여과기를 이용함으로써 대기에 노출된 면적 대비 섬유여재 면적을 증가시킬 수 있다. 면적 대비 여과 부피가 높기 때문에 신설 처리장 및 기존 모래 여과의 대체용으로 많이 공급되고 있다.
(c) 디스크필터 (Discfilter®, DF)	Hydrotech가 개발하고 미국에서는 Veolia Water Systems의 Discfilter®라는 상품명으로 알려진 디스크필터는 두 개의 수직으로 세워진 평행한 디스크 양면에 여과 섬유를 댄 여러 개의 디스크로 구성된다. 각 디스크는 중앙 유입관에 연결된다. 섬유 스크린 물질은 폴리에스터나 스테인레스(type 304 또는 316)로 만든다. 스크린에 축적된 고형물은 고압 물 분사기로 제거된다. 디스크필터는 독립된 반응조 또는 콘크리트 조 내에 설치될 수 있다. 기온이 낮은 지역이나 악취가 문제가 될 경우 밀폐 운전할 수 있다.
(d) Ultrascreen®	Nova Water technologies의 Ultrascreen®는 두개의 연속 회전 직조 스테인레스 스틸 원형 스크린으로 구성된다. 유입수는 두 스크린 사이로 들어와서 스크린을 지나 스크린 외부 하단의 수집조로 모인다. 다른 디스크 유형 스크린과는 달리 물이 스크린에서 중력에 의해 유출되므로 유출되는 면의 스크린은 물과 닿지 않는다. 스크린에 축적된 고형물을 세척하는데는 고압 물 분사기가 사용된다.
(e) 드럼필터 (DF)[a]	이름 그대로 드럼 모양이다. 유입수는 드럼 내부로 들어와 폴리에스터, 폴리프로필렌, 또는 스테인레스 섬유 여재를 지나 드럼 옆면으로 유출되며 이때 드럼은 천천히 회전한다. 드럼 내부의 수위가 설정값에 도달하면 축적된 고형물을 제거하기 위한 역세척 주기가 시작된다. 드럼이 회전하는 동안 고압 물 분사기가 축적된 고형물을 제거하고 세척수는 드럼 내부의 수집 물받이를 이용하여 수집한다. 드럼필터는 콘크리트, 스테인레스, 또는 유리섬유 반응조 내에 설치될 수 있다. 섬유 여과기의 공극 크기는 1-10 mm이다.
(f) 경사 섬유 여재 스크린	M2 Renewables이 개발한 경사 스크린은 미처리 하수에 적용된다. 이동 스크린 회전 시 고형물이 스크린에 축적된다. 스크린이 수면 위로 올라오면 중력에 의해 축적된 고형물과 함께 있던 물의 일부가 떨어진다. 축적된 고형물은 상부의 롤러를 지나면서 제거된다. 고압 물 분사기 역시 사용된다. 5장에서 언급된 바와 같이 스크린은 후단 공정에서 제거할 입자 크기 분포를 변화시키며, 표준 1차 침전에 비해 상대적으로 소요 부지 면적이 작다.
(g) 카트리지 필터	대부분의 카트리지 필터는 800-1000 mm 길이의 하우징 안에 든 직조 폴리프로필렌이며, 하우징은 다시 수직이나 수평 스테인레스 스틸 또는 유리섬유 용기 내에 위치한다. 카트리지 필터는 용도가 다양한데, 일반적으로 후단 공정을 보호하는 전처리로서 사용된다. 고도 처리에서는 RO 전단에 적용되어 막오염을 저감하는데 사용된다. 처리된 하수 내의 바이러스를 분석하기 위해 시료를 농축할 때는 주름 카트리지 필터가 사용된다.

    다양한 표면여과기 중 가장 흔한 유형은 중앙축에 여러 개의 디스크가 부착된 형태이다. 각각의 디스크는 금속 지지대에 부착된 양면의 표면여과로 구성된다.

    표면여과 여재는 크게 이차원과 삼차원으로 나뉜다. 이차원 여재는 일반적으로 여러 직물과 직조금속망의 합성 섬유로 만든다. 합성 재료의 가장 흔한 직조 방법은 브로드클로스(broadcloth)와 유사한 평직이다. 스테인레스 스틸의 직조에는 평직(plain weave), 능직(twilled weave), 첨직(Dutch weave)이 사용될 수 있다. 삼차원 여재에는 폴리에스테르 니들펠트(polyester needle felt cloth)와 합성 파일직물 섬유

(pile fabric cloth) 등이 있다.

여과 경로 역시 표면 여과를 분류하는데 사용되며, 기본적으로 두가지 유형이 있다. 한 가지 경로는 유입수가 표면으로 들어와서 여재를 거쳐 중앙 수로로 유출되는(out-in) 유형이다. 다른 경로는 두 표면 사이의 중앙 수로로 유입수가 들어와서 여재를 거쳐 표면으로 유출되는(in-out) 유형이다. 어떤 경우든 고형물은 유입방향에 축적된다. 여과 경로는 축적물질 제거, 침수 정도(유효 여과면적), 공정 전체 깊이에 영향을 준다.

여재에 축적된 물질을 제거하는 방법은 진공 제거와 간헐 및 연속 고압분사 제거의 두 가지 유형이 있다. 진공 제거 시스템은 out-in 경로에, 고압분사 노즐은 in-out 경로에 적용된다. 섬유여재여과의 손실수두가 설정치에 다다르면 세척이 시작된다. 디스크가 회전을 계속하는 동안 양 표면에 설치된 액체 진공 헤드(liquid vacuum suction head)가 표면 방향으로 여과수를 빨아들이면서, 역방향 흐름이 여재 표면 및 내부에 갇힌 입자를 제거한다. 다이아몬드형 여과 역시 진공 장치를 여과기 길이 방향으로 이동하면서 세척되며, 장치 하단에 침전된 고형물은 주기적으로 진공 헤더(vacuum header)를 통해 제거된다. 장기 운전 시에는 여재 내에 일반적인 역세척으로는 제거되지 않는 입자들이 축적되며, 이는 손실수두와 역세척 압력을 증가시키고 운전 주기를 단축시킨다. 역세척 압력 또는 운전 주기가 설정치에 도달하면 가압 분사 세척이 자동으로 시작된다. 고압분사 세척은 디스크가 두 번 회전하는 동안 여재 내에 축적된 입자를 제거한다. 고압분사 주기는 유입 수질에 의해 결정된다. 고압분사 제거 시스템은 In-out 경로로 운전되는 표면여과에서 디스크 내부의 축적물을 제거하기 위해 사용된다. 대부분의 고압분사 세척 시스템은 간헐식과 연속식 중 어디에도 적용될 수 있다. 간헐식에서는 고압 역세척 분사가 설정된 손실수두값 또는 시간에만 작동을 시작한다. 디스크가 회전을 계속하는 동안 작동이 시작되면 세척수가 표면의 노즐로부터 중앙 수로로 분사되고 침전 고형물은 여재로부터 분리되어 수집 물받이로 모인다. 연속식에서는 여과와 역세가 동시에 진행된다. 고압분사 노즐과 고형물 수집 물받이의 위치와 형태는 제작사에 따라 다르다.

부분 침지 표면여과에서는 세척된 여재가 수면 아래로 내려가는 시점(point 1)과 수면 위로 올라오는 시점(point 2) 사이에 고형물 축적이 발생한다. 완전 침지 표면여과(그림 11-23(b))에서는 역세척이 진행되기까지 고형물 축적이 진행된다. 두 경우 모두, 여과기 표면에 축적된 물질은 일종의 여재로 작용하며, 이를 자기여과(autofiltration)이라고 한다. 자기여과는 여재 공극 크기보다 작은 물질이 제거되는 이유를 설명할 수 있는 현상이다. 자기여과의 시작시점 및 추가적인 제거 정도는 여재 공극 크기, 유입수질, 여과유량에 의해 좌우된다.

표면여과 유형에 따라 수리학적 부하율은 상당히 차이가 나며, 주요 유형별로 일반적으로 적용되는 부하율을 다음 표에 정리하였다. 예를 들어, 2 NTU 이하인 동일한 수준의 여과수를 생산하기 위해 수리학적 부하율이 4-5배 차이날 수 있다. 심층여과와 마찬가지로 표면여과의 수리학적 부하율과 역세척요구량은 비용과 탄소배출량에 크게 영향을 준다. 일반적인 역세척 요구량은 1~4%이다.

표 3-5. 표면여과 공정별 운전 특성 비교

운전 인자	Unit	Cloth media filter®	Diamond cloth media filter®	Diskfilter®	Ultrascreen®	Drumfilter®
수리학적 부하 (HLR)	$m^3/m^2 \cdot min$	0.08-0.20	0.08-0.20	0.08-0.20	0.20-0.65	0.08-0.26
	$gal/ft^2 \cdot min$	2-5	2-5	2-5	5-16	2-6.5
최대 HLR	$m^3/m^2 \cdot min$	0.26	0.26	0.24	0.65	0.26
	$gal/ft^2 \cdot min$	6.5	6.5	6	16	6.5
CDPH[a] 허용 평균 HLR	$m^3/m^2 \cdot min$	—	—	—	0.32	—
	$gal/ft^2 \cdot min$	—	—	—	8	—
CDPH 허용 최대 HLR	$m^3/m^2 \cdot min$	0.24	0.24	0.24	0.65	—
	$gal/ft^2 \cdot min$	6	6	6	16	—
유입 TSS	mg/L	5-20	5-20	5-20	5-20	5-20
여과 소재	유형	Nylon and/or Polyester	Nylon and/or Polyester	Polyester or stainless steel	Stainless steel	Polyester or stainless steel
체 명목 크기	mm	5-10	5-10	10-40	10-20	10-40
흐름 방향		out-in	out-in	in-out	in-out	in-out
침지 정도	%	100	100	60-70	45	60-70
손실수두	mm	50-300	50-300	75-300	650	300
디스크 직경	m	0.90 or 1.80	na	1.75-3.0	1.6	
역세척 요구량	%	2-5	2-5	2-4	2-4	2-4

3.7. 막 여과(membrane filtration)

막 모듈은 크게 가압형과 침지형으로 나뉜다.

가압형 용기(또는 관)의 가장 큰 용도는 막 모듈을 지지하고 유입수와 투과수를 분리하는 것이다. 용기는 누출과 압력 손실이 없고 염 또는 막오염 증대를 최소화하도록 설계해야 한다. MF와 UF 모듈은 일반적으로 크기가 지름 100~300mm, 길이

0.9~5.5m이며, 랙(rack) 또는 스키드(skid) 형태의 가압형 용기에 배열된다. 각 모듈은 개별적으로 유입수 및 투과수와 되어야 한다. NF 및 RO 모듈은 지름 및 길이는 유사하며, 2~8개의 모듈이 가로 또는 세로 랙 형태의 가압형 용기에 배열된다. 세로 배열은 배관(pipe)과 피팅(fitting), 그리고 전체 소요면적을 감소시킬 수 있다. 가압형 형태에서는 유입수 유입 및 순환에 펌프가 사용된다. 원심펌프(centrigufal pump)는 MF, UF, NF에 사용될 수 있다. RO에는 용적펌프(positive displacement pump) 또는 고압터빈펌프(high-pressure turbine pump)가 필요하다. 운전 압력과 유입수 특성에 따라 플라스틱 및 유리섬유 배관 부품을 비롯한 다양한 재료들이 사용된다. 일부 RO시설에는 철 압력 배관이 필요하고, TDS가 높은 해수 및 염수의 경우에는 스테인레스가 필요하다.

침지형 형태에서는 막 요소들이 유입수조 내에 들어 있다. 보통 원심펌프 흡입으로 발생한 진공을 통해 투과수를 빼낸다. 투과수 펌프의 유효 흡입 수두(net positive suction head, NPSH) 한계에 의해 침지형 막 공정의 막간압(transmembrane pressure)은 50kPa 이하이며, 통상적으로는 20~40kPa에서 운전된다(진공으로는 -28~-100kPa).

막모듈은 유입/유출 방식에 따라 (1) 직교류(cross-flow mode)와 (2) 직접유입(dead-end mode) 방식으로 나뉜다. 직교류 방식에서 유입수는 막에 접선방향으로 유입된다. 표면에 입자가 축적되는 현상은 유속에 의한 전단력을 통해 제어될 수 있다. 유입수가 막을 투과하는 분율은 막간압에 의해 좌우된다. 막을 통과하지 않는 물은 일부는 유입수와 합쳐져서 막으로 다시 유입되고 일부는 농축수로 폐기된다. 나선형 막은 직교류 방식으로 운전된다. Dead-end(direct-feed or perpendicular feed) 방식(그림 11-33(c))에서는 투과가 진행될 때는 농축수가 발생하지 않는다. 막으로 유입된 물은 모두 막을 통과하고 막 공극을 통과하지 못하는 입자는 막 표면에 축적된다. Dead-end 여과는 입자 농도기 낮거나 축적된 물질이 급격한 손실수두의 증가를 유발하지 않는 경우에 효과적이다. Dead-end 여과는 전처리와 본 여과에 모두 사용된다.

유입수 내 성분들이 막에 농축됨에 따라, 즉 막오염이 진행됨에 따라, 유입수쪽의 압력이 증가하고 막 플럭스가 감소하고 유출수 내 특정 성분의 함량이 높아진다. 플럭스가 설정치 이하로 낮아지면 막 모듈은 역세척, 화학 세척, 또는 폐기된다. 일반적으로 가압형 막 세척 시 발생하는 폐수의 양은 침지형에 비해 적다. 화학 세척은 막 성능을 최초 투과도와 유사하게 회복하는데 사용된다. 화학세정 방법에는 제자리 세정(clean-in-place, CIP)와 화학물질 첨가 역세척(chemically enhanced backwash, CEB)가 있다. CIP에서는 막을 세척 약품조에 담그고, CEB에서는 세척 약품이 주기적으로 역세수에 주입된다. 경우에 따라서는 정기적으로 CEB를 사용하다가 막 성능이 설정값이하로 감소될 때 CIP가 사용되기도 한다. 공정이 운전되는 동안 비가역적 투과도 감소 역시 발생한다. 비가역적 투과도 감소의 발생 정도는 (1) 막 재료의 사용기간, (2) 높은 운전압력에서의 기계적 압밀 및 변형, (3) pH, (4) 유입수 내 특정 성분에 의한 반응 등 막 재료 및 운전 조건에 따라 좌우된다.

MF와 UF 공정 해석은 운전압력, 투과유량, 회수율, 배제율 등에 대한 고려를 포함한다. 막 성능은 성분 및 유량 물질 수지를 통해 평가한다. Cross flow 방식에서 막간압과 모듈 통과 강하 압력은 다음과 같이 정의된다.

$$P_{tm} = \left[\frac{P_f + P_r}{2}\right] - P_p$$

여기서, P_{tm} = 막간압 구배, bar (1 bar= 105 Pa)
        P_f = 유입압력, bar
        P_r = 농축압력, bar
        P_p = 투과압력, bar

$$P = P_f - P_p$$

여기서, P = 모듈 통과 압력 강하, bar

Dead-end 방식에서 막간압은 다음과 같이 표시된다.

$$P_{tm} = P_f - P_p$$

막 시스템에서의 총 투과량은 다음과 같이 표시된다.
$$Q_p = F_w A$$
여기서, Q_p = 투과유량, m³/h
        F_w = 막간 물 플럭스, m³/m²·h
        A = 막면적, m²

막간 물 플럭스는 유입수 수질 및 온도, 전처리 정도, 막 특성, 시스템 운전 변수의 함수이다. 막 면적은 막모듈의 단면적이 아니라 막 재질의 유효 표면적이다.

회수율 r은 여과 시 유입수량 대비 순 투과수량으로 정의된다. 순 투과수량에는 역세척량이 고려된 값이다.

$$r, \% = \frac{Q_p}{Q_f} \times 100$$

여기서, Q_p = 순 투과유량, kg/s

Q_f = 유입유량, kg/s

배제율 R은 유입수내 용질의 제거비율로 정의된다. r이 수량에 대한 지표임에 비해, R은 용질에 대한 지표임을 기억해야 한다.

$$R, \% = \frac{C_f - C_p}{C_f} \times 100 = 1 - \frac{C_p}{C_f} \times 100$$

여기서, C_f = 유입농도, g/m³, mg/L

C_p = 투과농도, g/m³, mg/L

막 운전전략은 막간압과 플럭스에 기초하며, (1) 일정 플럭스(constant flux) 하에 시간에 따라 막간압이 증가하는 방식, (2) 일정 막간압(constant TMP) 하에 시간에 따라 플럭스가 감소하는 방식, (3) 시간에 따라 플럭스 감소와 막간압 증가가 함께 진행되는 방식이 있다. 전통적으로 일정 플럭스 방식이 사용되었으나, 다양한 하수처리수를 대상으로한 연구에 의하면 시간에 따라 플럭스 감소와 막간압 증가가 함께 진행되게 하는 방식이 가장 효과적일 수 있음이 보고된 바 있다. 어떤 막 운전 전략에서든 중요한 운전 사안은 막섬유 파손이다.

농축수의 처분은 막공정을 적용할 때 고려되어야 할 중요한 문제이다. 농축수 처리 및 처분에 적용될 수 있는 방법들을 다음 표에 정리하였다. 작은 설비의 경우에는 소량의 농축수를 다른 폐수와 함께 혼합할 수도 있지만 이 방법은 큰 설비의 경우에는 적절하지 않다. NF와 RO 설비로부터 배출되는 농축수는 경도, 중금속, 고분자 유기물질, 미생물, 그리고 종종 황화수소 가스를 포함한다. 알칼리도 때문에 pH가 주로 높고 따라서 처분지에서 중금속이 침전될 가능성이 있다. 이 결과 미국과 다른 많은 나라들의 경우, 큰 규모의 탈염 설비들은 해안지역에 위치하는 경우가 많다. 내륙에 위치하는 경우에는 해안지역으로의 긴 수송관도 고려된다. 제이가능한 증발법도 기술적으로는 가능하나, 고가의 운전 및 유지비로 인해 이 방법은 대안이 없는 곳이나 생산수 비용이 고가인 곳에서 사용된다.

표 3-6. 막 공정 농축수의 처리 및 처분 방법

처리 및 처분 방법	설명
처리 방법	
다단 막 배열 농축	수분 제거
강하 박막 증발	중력 침강 및 수분 제거
결정화	결정화가 일어나는 농도까지 수분 제거
정삼투	수분 제거
막 증류	수분 제거
태양 증발	중력 침강 및 수분 제거
분사 건조	수분 제거
증기 압축 증발	수분 제거
처분 방법	
심정 주입	지하의 대수층 (subsurface aquifer)이 염수이거나 가정용수로 부적합한 경우에 이용됨.
하수 수집 시스템으로 주입	이 방법은 TDS의 농도가 낮은 (20 mg/L 미만) 소량의 배출인 경우에만 적합함.
증발 못	미국의 경우 일부 남서부지역을 제외하고는 대부분 넓은 지표면 적이 소요됨.
토지 적용	다소 저농도의 염수 용액에 이용
해양 배출	미국의 해안지역에 위치한 시설들에서 선택되는 방법임. 주로 일부 배출업자들에 의해 심해로의 염수 (brine) 라인이 사용됨. 플로리다에서는 발전소 냉각수와의 합류식 배출이 이루어짐. 내륙에서는 트럭, 기차, 또는 파이프에 의해 이송됨.
지표수 배출	염수농축수를 처분하는 가장 일반적인 방법은 지표수에 배출하는 것임.

3.8. 탈기(gas stripping)

 탈기는 기체가 액상에서 기상으로 이동하는 물질전달 현상이다. 물질전달과정은 액체상의 휘발성 오염물에 깨끗한 기체상(흔히 공기)를 접촉시킴으로서 탈기되도록 유도하는 것이다. 탈기에 의하여 폐수로부터 용해성 가스 즉, 암모니아, 악취 가스, 휘발성 유기화합물(volatile organic compounds, VOCs)의 제거에 많은 주안점이 주어지고 있다. 탈기의 해석에 있어서 중요한 요소는 (1) 탈기하고자 하는 화합물의 특성 (2) 이용되는 접촉조의 유형과 단 수 (3) 탈기탑의 물질 수지 해석 (4) 필요한 탈기탑의 물리적 특성과 크기이다.
 탈기에 의한 휘발성 용존 물질의 제거는 해당 화합물이 포함되지 않은 기체를 액체에 접촉시킴으로서 이루어진다. 탈기되는 화합물은 Henry 법칙에 따라 액체로부터 기체로 이동한다. Henry 상수가 500atm 보다 큰 벤젠, 톨루엔 그리고 염화비닐은 특히 쉽게 탈기된다. Henry 상수가 0.1atm 보다 큰 화합물은 휘발성(volatile)로 구분되고 탈기에 적합한 것으로 간주된다. Henry 상수가 0.001-0.1atm인 화합물은 반휘발성(semi-volatile)로 구분되며 탈기가 미미하게 진행된다. Henry 상수가 0.001atm 이하인 화합물은 탈기에 적합하지 않다. 암모니아와 같은 산-염기는 pH 조정을 통해 비해리 형태로 전환할 필요가 있다.

   탈기 시 물질 전달을 위한 상(phase) 사이의 접촉은 (1) 연속 접촉(continuous contact)과 (2) 단계적 접촉(staged contact)의 두 가지 형태로 구현된다. 탈기 시 공기와 액체의 흐름은 (1) 역류(countercurrent) (2) 병류(cocurrent) (3) 교차류(cross-flow)의 3개의 유형으로 분류된다. 이 외에도 접촉 매체가 고정(fixed)인지 유동상(mobile)인지로 구분할 수도 있다. 물질 전달에서 가장 흔히 사용되는 유형은 액체가 탈기탑 상부에서 충진재로 분사되는 역류이다. 이때 공기는 탈기탑 하부로 주입되어 가압 또는 감압에 의해 충진재층을 지나게 된다. 충진재는 탈기 공정의 효율을 향상시킬 목적으로 액체를 박막 형태로 분포시키기 위해 사용된다. 드물게 사용되는 교차류에서는 공기가 측면에서 유입된다. 탈기탑의 설계 및 운전에서 가장 중요한 요소 중 하나는 충진재 단면적 전체에 있어 공기와 액체의 유량을 균일하게 유지하는 것이며, 이는 각 단(stage)의 충진재를 통해 구현된다. 탈기에는 Raschig rings (cylinders), Berl saddles를 비롯한 다양한 특허 플라스틱 충진재가 사용된다. 광범위한 충진재 크기가 사용 가능하나, 가장 일반적인 크기 범위는 25-50mm이다.

   하수내 용해성 가스 제거를 위하여 이용되는 역류 연속 탈기탑의 하부에 대한 물질 수지는 다음과 같다.

1. 일반식:

액체상으로 들어오는 용질의 몰	+	기체상으로 들어오는 용질의 몰	=	액체상으로 빠져나가는 용질의 몰	+	기체상으로 빠져나가는 용질의 몰

2. 간략식:

     유입 = 유출

3. 기호 표시

$$LC + Gy_0 = LC_e + Gy$$

여기서, L = 액체 유량, 단위 시간 당 몰 수
        C = 탑 내부 특정 높이의 액체 내 용질 농도, mol/mol liquid
        G = 기체 유량, 단위 시간 당 몰 수
        y_0 = 탑 하단으로 유입되는 기체 내 용질 농도, mol/mol gas

C_e = 탑 하단으로 유출되는 액체 내 용질 농도, mol/mol liquid

y = 탑 내부 특정 높이의 기체 내 용질 농도, mol/mol gas

위 식은 다음과 같이 변환될 수 있다.
$$(y_0 - y) = L(C_e - C)/G$$

전체 탑을 고려한다면, 다시 다음과 같이 쓸 수 있다.
$$LC_0 + Gy_0 = LC_e + Gy_e$$

이를 다시 정리하면,
$$(y_0 - y_e) = L(C_e - C_0)/G$$

여기서, C_0 = 탑 상단으로 유입되는 액체 내 용질 농도, mol/mol liquid

y_e = 탑 상단으로 유출되는 기체 내 용질 농도, mol/mol gas

해당 식은 정상상태에서의 유입과 유출에 대한 물질수지만으로 유도되었으므로, 물질전달에 영향을 줄 수 있는 내부 평형(internal equilibria)은 무시되었다. 위 식은 기울기가 L/G이고, 점 (C_0, y_e)와 점 (C_e, y_0)를 지난다. 이 두 점을 지나는 선은 조작선(operating line)으로 알려져 있으며, 칼럼 내 특정 부위에서의 조건을 알려 준다. 평형선(equilibrium line)은 Henry 법칙에 기초하고 있다. 기체가 액체로부터 탈기될 때, 조작선은 평형선 아래에 있게 된다. 가스가 용액으로 흡수된다면 조작선은 평형선 위에 있게 된다.

하부로 유입되는 공기가 해당 용질을 함유하지 않는 경우(y_0=0), 위 식은 다음과 같이 쓰여질 수 있다.
$$y_e = L(C_0 - C_e)/G$$

한편, Henry 법칙을 이용해서 y_e를 다음과 같이 나타낼 수 있다.
$$y_e = \frac{H}{P_T} C_0' \tag{11-79}$$

여기서, H = Henry 상수, $\dfrac{\text{atm}(\text{mol gas}/\text{mol air})}{(\text{mol gas}/\text{mol water})}$

P_T = 총 압력, 일반적으로 1atm

C_0' = 탑에서 유출되는 기체와 평형에 있는 액체의 용질 농도, mol/mol liquid

식 들을 조합하면,

$$C_0' = \frac{L}{G} \times \frac{P_T}{H}(C_0 - C_e)$$

탑으로 유입되는 액체의 용질 농도가 유출되는 기체와 평형($C_0 = C_0'$)이라고 가정하면,

$$\frac{G}{L} = \frac{P_T}{H} \times \frac{C_0 - C_e}{C_0}$$

여기에서 G/L(공기에 대한 액체의 비율) 값은 주어진 조건 (즉 $y_0 = 0$이고 $y_e = HC_0/P_T$)에서 탈기에 필요한 최소 공기량이다. 실제로는 효과적인 탈기를 위해 이 값의 1.5-3배에 해당하는 공기량이 적용된다.

만일, 탑에서 유출되는 액체와 유입되는 기체가 모두 해당 용질을 포함하지 않는다면, 다음 식과 같이 된다.

$$\frac{G}{L} = \frac{P_T \times C_0}{H \times C_0} = \frac{P_T}{H}$$

이 조건에서 G/L값은 Henry 법칙에서 정의되는 평형선과 같으며, 이것은 주어진 조건 (즉 $y_0 = 0$, $C_e = 0$, $y_e = HC_0/P_T$)에서 탈기에 필요한 최소 공기량이다.

3.9. 증류

증류는 액체 내 성분들을 증발과 응축으로 분리하는 단위공정이다. 역삼투와 함께, 증류는 물 재이용 시 염의 축적을 제어하는데 주요하게 이용되고 있다. 증류는 매우 고가이므로, (1) 높은 수준의 처리를 요하는 경우 (2) 다른 방법으로 제거할 수 없는 오염물 (3) 저렴한 열을 얻을 수 있는 경우에 사용된다.

최근 다양한 증류기 유형과 열에너지 사용 및 전환을 사용하는 여러 가지 증류공정이 평가 및 적용되었다. 중요한 증류공정은 (1) 침수관 열 표면 비등(boiling with submerged-tube heating surface), (2) 장관 수직 증류기 비등(boiling with long-tube vertical evaporator), (3) 플래시 증발(flash evaporation), (4) 증기압축을 이용한 강제 혼합(orced circulation with vapor compression), (5) 태양열 증발(solar evaporation), (6) 회전 표면 증발(rotating-surface evaporation), (7) 닦인 표면 증발(wiped-surface evaporation), (8) 증기 재가열 공정(vapor reheating process), (9) 섞이지 않는 액체를 이용한 직접 열교환(direct heat transfer using an immiscible liquid), (10) 수증기 외 증기를 이용한 응축-증기-열교환(condensing-vapor-heat transfer by vapor other than steam) 등이 있다. 이들 중 다중 효용 증발, 다단 플래시 증발, 증기-압축 증류가 하수의 재이용 시 가장 흔하게 사용된다.

다중 효용 증발 증류에서는 여러 증발기(보일러)를 직렬로 배열하고, 압력을 순차적으로 낮추어 운전한다. 3단 수직 튜브 증류기에는 예열한 유입수(preheated influent)를 열교환관(heat exchange tubes) 내의 수증기에 의해 증발이 수행되는 1단 증발기로 유입한다. 1단 증발기의 유출 증기는 증발관(evaporation tubes) 내에서 응축이 일어나는 2단 증발기로 유입된다. 1단 증발기에서 배출되는 물은 2단 증발기의 급수(feed water)로 사용되며, 이후의 n단에서도 마찬가지이다. 마지막 단의 가열된 증기는 유입수 예열에 사용한다. 2단 및 n단 증발기의 급수로 예열한 유입수를 사용하기도 한다. 증발되지 않은 물은 각 단에서 농축수로 유출된다. 비말(air entrainment)이 거의 일어나지 않는다면 비휘발성 유해물질은 단일 증발 단계를 통해 제거될 수 있다. 암모니아, 저분자 유기산 등 휘발성 오염물은 사전 증발 단계를 통해 제거될 수 있으나, 농도가 낮아 최종 생산수의 수질에 영향을 주지 않을 정도라면 무시될 수 있다.

다단 플래시 증발 증류시스템은 해수 담수화에 있어 여러 해 동안 상업적으로 이용되어 왔다. 유입수를 낮은 압력이 유지되야 하는 증류 시스템의 다단 열교환 단위에 저압 상태로 펌핑하기 위해 TSS 제거와 탈기가 사전에 수행된다. 압력 강하에 의한 증기 생성이나 비등을 플래싱(flashing)이라 부른다. 압력 강하 노즐(pressure reducing nozzle)을 통하여 각 단에 투입된 물의 일부는 플래싱에 의해 증기로 변하고, 응축관 외부에서 응축되어 트레이로 수집된다. 증기가 응축될 때 배출되는 잠열은 폐수가 1단 전단의 주 가열기로 들어가기 전에 예열되는데 사용된다. 유출수는 가장 압력이 낮은 단에서 배출된다. 열역학적으로는 다단 플래시 증발 증류가 정상적인 증류보다 비효율적이다. 그렇지만, 하나의 반응조에 여러 개의 열 교환기를 결합함으로서 외부 파이핑을 없애고 건설비를 줄일 수 있다.

증기-압축 공정에서는 증기압의 증가가 열교환에 필요한 온도 차이를 생성한다. 폐수를 예열한 후 증기펌프 작동을 통해 고압에서 응축관 내의 증기가 응축되고, 동시에 동일한 양의 증기가 농축수로부터 배출된다. 열교환기가 응축수와 농축수 양측의 열을 보존하므로 운전에 소요되는 에너지는 증기 펌프에 필요한 기계적 에너지 뿐이다. 뜨겁게 농축된 하수는 보일러 내부에서 염이 과도하게 농축되는 것을 방지하기 위하여 간헐적으로 배출되어야 한다.

폐수 처리에 증류 공정을 적용하는데 대한 주요 논점은 폐수 처리수의 휘발성 성분 포함 여부와 후단의 냉각 및 처리 요구 정도이다. 폐수 온도 상승 및 잠열에 필요한 이론적인 열역학적 최소 에너지는 약 2260kJ/kg이다. 일반적으로 증발 잠열의 1.25에서 1.35배의 에너지가 필요하다. 불행히도 실제 증류과정에서의 많은 비가역성 때문에, 열역학적 최소 에너지는 증류과정의 실제적인 평가에서는 큰 의미가 없다. 세 주요 증류 공정의 전형적인 에너지 요구량은 다음과 같다.

다중 효용 증발: 5.7~7.8kWh/m^3
다단 플래시 증발: 12.7~15.0kWh/m^3
증기 압축: 8~12kWh/m^3

증류의 에너지 요구량을 RO의 에너지 요구량(에너지 회수가 없을 때 9~12 kWh/m^3, 에너지 회수가 있을 때 3~4kWh/m^3) 왜 점차적으로 RO가 증류를 대체하고 있는지 알 수 있다.

증류 공정 운전 시 가장 흔히 나타나는 문제는 스케일과 부식이다. 온도 증가 때문에 무기염이 석출되고 파이프와 장치 내부 벽면에 침전된다. 탄산칼슘, 황산칼슘, 수산화마그네슘에 의한 스케일 제어는 증류공정 설계 및 운전의 가장 중요한 고려사항 중 하나이다. pH 조절은 탄산 및 수산화물 스케일의 발생을 줄인다. 대부분의 무기용액은 부식성이다. 해수 증류에는 구리니켈 합금(cupronickel alloy)이 흔히 사용되며, 알루미늄, 동, 티타늄, 모넬(monel) 등도 사용된다.

모든 증류공정은 유입수의 일부분을 농축수로 배출하므로, 농축수 처분 문제를 가지고 있다. 농축수의 최대 농도치는 용해도, 부식, 폐수 증기압 특성에 따라 달라진다. 그러므로 농축수 농도는 공정 최적화에 있어서 가장 중요한 고려사항이 된다. 증류공정 농축수 처분은 막 공정에서와 동일한 문제점을 갖는다.

4장. 펄프·제지 업종 폐수 처리

4.1. 펄프·제지 업종 공정 및 오염물질 발생 현황

펄프·제지산업은 생산 규모보다 에너지 및 용수 다소비 산업이다. 에너지 및 용수 소비과정에서 대기, 수질오염물질을 배출하고 있으며, 또한 원료가공과 폐수처리 과정에서 폐기물이 발생한다.

〈표 3.1〉에서 알 수 있듯이 펄프·종이 및 판지 제조업 사업장은 공업용수를 다량으로 사용하며, BOD 발생 부하량 역시 높다. 따라서, 폐수처리 및 공정수(백수) 재활용의 중요성이 높은 업종이라 할 수 있다.

(가) 펄프·제지업 폐수 발생량

제조 공정의 특성상 약 1%의 원료(섬유소)와 99%의 물이 혼합되어 생산공정을 이루고 있다. 용수의 재이용 및 공정 폐수 특성에 대한 적절한 대처가 제품생산에 큰 영향을 받는다. 용수 사용량 절감을 위하여 용수 재이용 최적화를 일부 실행한 국내 제지업체의 경우 제품생산량 1ton당 용수 사용량을 3ton 수준으로 크게 낮추는 데 성공하였다. 그러나 대부분의 국내 제지업체의 경우 대략 제품생산량 1ton당 용수 사용량이 골판지원지의 경우 4~5ton, 신문용지는 10~15ton, 위생용지는 20~30ton 정도의 용수를 사용하고 있으며, 평균보다 높은 일부 업체는 더 많은 용수 절감 여지가 있다.

대표적인 용수 다소비 사업으로 2016년 기준 배출업 소수는 산업부문에서 0.7%인 345개 소(소규모 가공소, 인쇄소 등 포함된 수치)이나 폐수 방류량은 전체의 10.5% 수준이다.

표 4.1. 업종별 사업장 수, 폐수 발생량, 폐수 방류량, BOD 부하량(단위 : 개, m^3/일, kg/일)

구분 (한국표준산업분류 중분류 기준)		업소 수	폐수 발생량	폐수 방류량	BOD 부하량	
폐수 발생양 순 / 계					발생	방류
폐수 발생량 순	계(아래 5가지 업종 포함 중분류 전체 합계)	51,991	4,277,551	3,472,461	2,052,664	17,335
1	전자부품, 컴퓨터, 영상, 음향 및 통신장비 제조업(26)	1,150	863,903	813,931	177,528	1,718
2	펄프, 종이 및 종이제품 제조업(17)	375	476,771	315,091	481,424	1,491
3	화학물질 및 화학제품 제조업; 의약품 제외(20)	3,060	457,048	413,806	291,999	1,206
4	섬유제품 제조업; 의복 제외(13)	1,420	340,241	330,887	153,118	1,602
5	식료품 제조업(10)	4,417	321,696	310,655	439,349	2,364

[출처:환경부,2018]

(나) 통합환경관리 대상 업체 수 및 폐수 발생량

사업장 규모별 수질 부하를 살펴보면 1종 사업장 배출업소가 38개로 가장 많으며, 일 폐수 방류량은 356,638m^3으로 전체의 91%를 차지하고 있다. 2종 사업장은 20개소가 27,2780m^3의 폐수를 방류함으로써 전체의 7% 수준으로 1종과 2종 사업장이 전체의 98%의 폐수 방류량을 나타낸다. 폐수 방류량의 유기물질 부하량은 전체산업의 9.4 % 수준인 일 1,820kg이며, 그중 1종 사업장이 87.3 %, 2종 사업장이 9.2 %로 유기물질 역시 1종과 2종 사업장이 대부분을 구성하고 있어, 수질 부하는 1종과 2종 사업장에서 대부분 발생한다고 볼 수 있다.

표 4.2. 펄프·종이 및 판지 제조업 수질 환경부하 (단위:천㎥/일)

연도	2016			2017			2018		
구분	업소수 (개)	발생량	배출량	업소수 (개)	발생량	배출량	업소수 (개)	발생량	배출량
펄프·종이 및 판지 제조업	345	560	390	368	523	343	375	476	315

[출처:환경부,2018]

표 4.3. 펄프, 종이 및 판지 제조업 사업장 규모별 수질 환경부하 (단위:업소 수(개), 방류량(m³/일), 부하량(kg/일))

	전체			펄프, 종이 및 종이 제품 제조업					
	업소 수	폐수 방류량	BOD 부하량	업소 수		폐수 방류량		유기물질 부하량	
				계	비중	계	비중	계	비중
1종	424	2,193,021	7,392	37	8.7	280,460	12.8	1,276	17.3
2종	647	535,531	2,938	24	3.7	30,186	5.6	158	5.4
3종	1,348	357,509	2,176	11	0.8	3,039	0.9	32	1.5
4종	2,287	168,841	1,265	8	0.3	536	0.3	2	0.2
5종	47,285	217,560	3,565	295	0.6	867	0.4	23	0.6
합계	51,991	3,472,461	17,335	375	0.7	315,091	9.1	1,491	8.6

[출처 : 환경부, 2018]

표 4.4. 펄프, 종이 및 종이 제품 제조업 특정수질유해물질 현황

펄프, 종이 및 종이 제품 제조업(17)	업소 수 (개)	부하량 (kg/일)
구리(Cu)	52	166.73
납(Pb)	24	0.17
비소(As)	3	0.02
수은(Hg)	2	0
시안(CN)	15	0.11
유기인	0	0
6가크롬(Cr6+)	2	0
카드뮴(Cd)	6	0.12

테트라클로로에틸렌(PCE)	0	0
트리클로로에틸렌(TCE)	3	0.01
페놀	16	5.49
PCB	0	0
셀레늄	7	0.36
벤젠	1	0
사염화탄소	0	0
디클로로메탄	14	0.5
1.1_디클로로에틸렌	9	0
1.2_디클로로에탄	1	0
클로로폼	9	70
다이옥산	3	0
디에틸핵실프탈레이트	7	0
염화비닐	1	0
아크릴로니트릴	2	0
브로모포름	3	0
아크릴아미드	1	0
나프탈렌	3	0.12
폼알데하이드	22	6.32
에피클로로하이드린	0	0
펜타클로로페놀	4	0

[출처 : 환경부 2018]

4.2. 펄프 · 제지 공정별 오염물질 발생 특성

(가) 펄프 공정 폐수 발생 특성

① 화학펄프(크라프트펄프)

크라프트펄프는 가성소다($NaOH$)와 황화나트륨(Na_2S)을 pH13 이상, 160~180℃, 800kPa압력에서 3~5시간 증해하여 목재 성분 중의 많은 리그닌을 용해시킨다. 생산 공정 전반에서 용수가 사용되며 공정별로 폐수가 발생한다.

표 3.5. 화학펄프(크라프트펄프) 제조 공정의 폐수 배출 처리현황

배출원	오염물질 관리 현황		배출 수준
	중점	기타	
폐수처리장 유입수	pH, BOD, COD, SS, T-N, T-P	n-H(광, 동 식물류), ABS, 생태독성, 색도, Cu, CN, Pb, Ni, 클로로폼, 1,4-다이옥산, 디에틸헥실프탈레이트, 폼알데하이드, 페놀, 펜타클로로페놀, ABS, 벤젠, 톨루엔, 자일렌, 에피클로로하이드린, 나프탈렌, 아크릴아미드, 브로모포름, 아크릴로니트릴, 염화비닐, 1,2-디클로로에탄, 1,1-디클로로에틸렌, 디클로로메탄, 사염화탄소, DHEP, TCE, PCBs	COD : 0~52.8 mg/L SS : 0~52.6 mg/L

[출처:WTMS, 2016]

② 기계펄프(열 기계펄프)

기계펄프의 제조에 사용되는 공정에는 리파이너 기계펄프(RMP, Refiner Mechanical Pulp), 열 기계펄프(TMP, Thermo Mechanical Pulp) 두 가지가 있으며 석재 쇄목 공정이나 가압 쇄목공정에서 물을 뿌리면서 통나무를 회전 쇄목석에 대고 누르게 된다.

두 가지 방식 모두 디스크 리파이너 사이에서 목재 칩의 섬유를 분리하는 방법으로 생산한다. 쇄목펄프는 미세한 재료와 손상된 섬유의 비율이 비교적 높아서 펄프의 광학적 특성과 종이 표면 속성이 우수하다. 대부분의 기계펄프 공정은 종이 제조공정과 통합되며 종이제품 생산공정 중 원료공정으로 구분되어 진다. 생산공정 전반에서 용수가 사용되며 공정별로 폐수가 발생한다.

표 4.6. 기계펄프(열 기계펄프) 제조 공정의 폐수 배출 처리현황

배출원	오염물질 관리 현황		처리 방법
	중점	기타	
폐수처리장 유입수	pH, BOD, COD, SS, T-N, T-P	디클로로메탄, n-헥산추출물질	물리·화학적 처리 및 생물학적 처리

[출처:WTMS, 2016]

(나) 제지 공정 폐수 발생 특성

제지, 즉 종이 및 판지 제조는 원료를 조성하는 원질공정과 종이 형태를 만들어 최종 제품으로 생산하는 초지 공정으로 구분된다. 본바탕공정은 종이의 원료가 되는 펄프 혹은 폐지(재활용)를 종이 생산에 알맞은 상태로 만들어 주는 공정이며, 초지 공정은 준비된 원료를 종이 형태로 만들어 주는 공정이다.

또한 후단 원정공정이 일부 존재하기도 하는데, 원정공정은 제품의 종류 및 목적 등에 맞게 처리하는 공정이다. 공정의 전체적인 흐름과 공정별 기능은 거의 유사하나, 가장 큰 차이점은 제품에 따라 필요한 주요 원료가 다르다는 점이다. 따라서 이러한 원료의 차이는 공정의 차이로 연결되어 환경에 대한 영향도 달라진다.

① 원질 공정

· 해리(解離)

원료에 결합된 섬유를 물과 혼합하여 물리적인 힘으로 섬유를 슬러리로 만들어주는 공정이다. 원료와 물을 펄퍼에 넣고 기계식 및 유압 교반을 이용하여 섬유로 분해하며, 일정한 농도를 지니게 된다.

· 정선(精選) 및 세척

해리 공정에서 해리된 원료를 비중이나 부피 차 등에 의해 원료 이외의 이물질을 제거하는 공정이다.

· 탈묵(脫墨)

1차적으로 정선 및 세척된 섬유 슬러리를 물에 현탁하여 기포를 흡입시켜 잉크 입자만을 기포와 함께 분산시켜 분리시키는 공정이다. 탈묵은 인쇄가 필요한 지종이나 티슈 등 백색도가 중요한 종이 등급을 제조하는 사업장에 필요하다. 탈묵의 주목적은 원료로 사용되는 폐지의 잉크를 제거하는 것이며, 백색도 및 청정도를 증가시키고 점착성 물질을 줄이는 것이다.

· 고해(叩解)

고해는 섬유의 유연성을 높여주고, 섬유간의 결합 강도, 종이의 표면성과 그 외 품질에 적합한 제품을 만들기 위해 거치는 공정이다. 섬유와 섬유간의 결합력을 증대시키기 위한 공정으로 기계적 힘을 가하여 섬유를 피브릴화(Fibrillation) 시켜서 섬유의 표면적을 증대하여 물리적 특성을 향상시킨다.

다량의 수분을 함유하고 있는 슬러리를 농축시키고, 고해기(Refiner)를 통해 진행되며 완제품의 필요한 품질을 만들기 위해 섬유를 처리하는 것이 주목적이다. 고정자에 눌려지는 회전하는 디스크 등이 갖추어진 리파이너에서 원료를 일정한 농도로 고해시켜 주며, 맷돌과 같이 갈아주는 원리의 공정이라고 할 수 있다.

·분산 및 농축

탈묵 공정에서 다량의 수분을 함유한 슬러리를 농축시키고, 분산기를 사용하여 일정한 수준으로 잉크를 미분화하는 공정이다. 분산의 목적은 완제품에 필요한 품질을 만들기 위해 섬유로부터 잉크 분자를 떼어내고 잉크 입자를 적당한 크기로 미분화시키는 것이다.

· 표백

착색 섬유의 백색도 향상을 위한 공정으로 착색 물질의 발색단을 약품으로 분해하여 백색도를 향상시킨다. 일반적으로 산화표백과 환원표백 두 가지가 있으며 산화표백 시에는 과산화수소를 사용하며 환원표백에는 차아황산염 또는 포름아미딘술핀산 등을 사용한다. 대부분의 표백 화학약품은 백색도를 증가시키기 위해 온도가 높은 디스퍼저에 직접 첨가하며 표백탑에서 충분한 체류 시간을 가지고 반응된다. 표백공정의 효율 즉, 백색도는 앞선 여러 가지 공정의 결과와 원료에 따라서 달라질 수 있다. 표백된 원료는 펌프를 이용하여 저장조로 보내져 혼합 및 저장 과정을 거친다.

② 초지 공정

· 조성(調成) 및 배합

초지기에 투입되기 전 마지막으로 원료의 특성을 갖추는 단계로, 최종품질을 위해 화학물질(수지, 습윤 지력증강제, 안료, 충전물)의 첨가가 이루어진다.

· 초지(抄紙)

헤드박스에서 묽은 지료를 Wire에 얹어 초기 종이 형태로 성형되는 공정이다. 본격적으로 수분이 제거되기 시작하면서, 물에 포함된 다량의 화학물질로 인해 폐수의 COD 부하가 높아진다. 여기서 발생된 물은 백수 처리 설비를 거쳐 해리 공정 등에 재사용된다.

· 압착/탈수

습지에 함유된 수분을 탈수시키며 종이의 결합 강도를 향상시키는 공정이다.

· 건조

탈수된 지필은 약 50~55%의 수분을 포함하고 있는데, 지필의 수분을 제거하기 위해 건조 공정을 거친다. 다수의 실린더에 스팀이 투입되며, 접촉함으로써 지필의 수분이 수증기로 외부로 배출된다. 최종적으로 수분을 93~95%까지 건조하게 된다.

· 광택

종이의 표면을 미려하게 하거나 인쇄적성을 좋게 하려면 회전 Rodd를 이용하여 다림질하는 과정이며 이러한 기능을 부여하기 위해 일부 업체는 전분을 표면 Coating한 후 건조와 광택 공정을 거치는 경우가 있는데 이때 사용하는 전분은 폐수의 COD 부하를 증가시키는 요인이 되기도 한다.

· 캘린더링 및 코팅

종이의 인쇄적성을 위해 코팅제를 투입하여 광택을 입히고 건조하는 공정으로 건조방식은 Dryer part와 유사하지만, 열풍건조와 결합된다. 코팅제로 안료(Clay, 산화티탄, 중탄산칼

숨), Binder(라텍스), 분산제 등이 사용되는데 사용하는 Chemical에 따라 다소 다르나 폐수 발생 때 COD 부하를 증가시키는 요인이며 악취도 발생한다.

· 권취(券取) 및 재단

연속 생산되는 종이를 소비자의 요구에 맞는 지폭 및 직경으로 권취하여 재단하는 공정

4.3. 펄프 · 제지 업종 최신 폐수처리 기술

(가) 화학적 산화

TOC를 유기물 농도 지표로 사용하는 근본적인 이유는 탄소량을 직접 측정함으로써 기존 간접 측정에 의해 과소 평가되었던 유기물에 대한 관리를 강화하여 난분해성 물질 등 유기물이 수생태계에 미치는 영향을 최소하는 것이다.(An et al. (2017)) 따라서, 기존의 고액분리 기반 물리화학적 처리와 생물학적 처리로 제거하기 어려운 용존성 난분해성 유기물의 처리에 알맞은 처리 방법의 적용이 필요하며, 현재 이를 달성할 수 있는 방법 중 대표적인 것이 화학적 산화이다.

Lecheng et al.(2000)에 따르면 WO(wet oxdation)은 고농도 유기화합물질이나 난분해성 물질의 처리에 적합한 것으로 보고된다. 높은 유기물질농도가 특징인 제지폐수가 적용하기 좋은 기술이다. WO는 고온, 고압의 조건에서 운전됨에 따라 짧은 시간에 산화반응이 이루어진다.

Deepak et al.(2002)에서는 제지 폐수 처리의 다양한 산화 과정과 새로운 촉매 물질이 연구되었다. CU/Mn, Cu/Pb, Mn/Pd와 같은 bi-metal catalysis를 이용한 촉매 습윤 산화는 단일 전이(CU, Mn) 또는 귀금속(Pd) 촉매보다 높은 효율(TOC 제거율 84% 이상)을 보일 수 있다.

Oller et al.(2011)은 효과적인 TOC 저감을 위해 기존의 WO(wet oxidation)에서 촉매를 이용하는 CWO(catalytic wet oxidation)을 제안했다. CWO(catalytic wet oxidation) 기법은 촉매를 사용하여 제지 폐수에서 유기물을 제거한다. 액체상에서 반응이 일어나지만 높은 온도(200-315)와 압력(2-21MPa)에서 가능한 WO(wet oxidation)에 비교하여 더 낮은 온도와 압력에서 높은 산화율을 얻을 수 있으므로 더 경제적이다.(I. Karat et al, 2013)) Oller et al. 등이 보고한 제지 폐수 유기물 제거율을 다음 표에 요약하였다. Running time 200분, 463K의 온도, 제지 폐수 용량 600mL, 교반속도 1,000rpm, 산소 압력 74psi, 최종 압력 240psi 조건에서, 촉매를 사용하지 않을 경우 TOC removal 29.5%, 5.05g/L의 Mn/Pd을 촉매를 사용했을 경우 TOC removal 71.4%를 보고하였다.

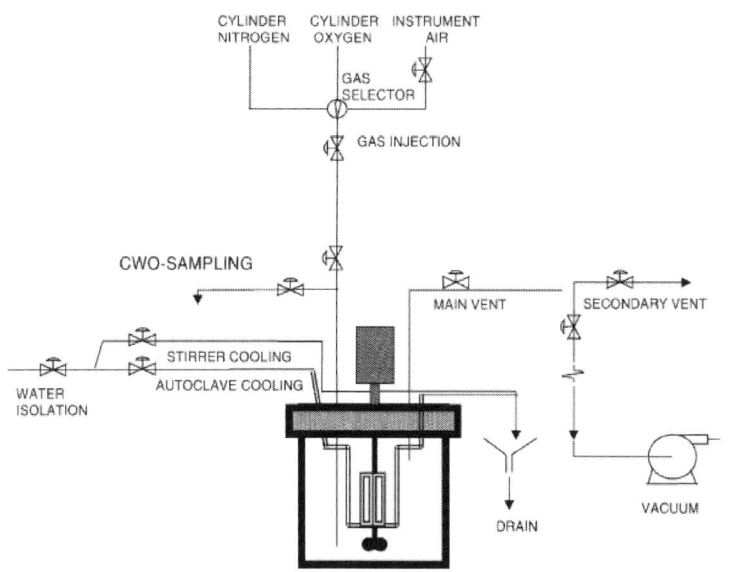

그림 4.2 CWO 반응 시스템

표 4.7. 귀금속 촉매를 이용한 제지 폐수의 Catalytic wet oxidaition 결과

Catalyst type	Soulution pH		TOC removed (%)
	Before reaction	After reaction	
No catalyst		8.9	29.5
Cu		8.6	38.4
Mn		8.4	35.5
Pd	11.3	8.2	47.8
Cu/Mn		8.4	57.8
Cu/Pd		8.03	78.8
Mn/Pd		8.12	71.4

같은 조건에서 운전했을 때 촉매 용량이 유기물 제거율에 미치는 영향은 다음 표 및 그림과 같다.

Cu/Mn과 Cu/pd를 8.3g의 같은 양으로 처리할 때, 각각 TOC removal은 61.8%, 84.5%로 특히 Cu/pd에서 높은 효율을 보였다.

표 4.8. Catalyst loading이 제지 폐수의 유기물 제거율에 미치는 영향

Catalyst type	Catalyst amount(g)	Soulution pH		TOC removed (%)
		Before reaction	After reaction	
No catalyst		11.3	8.9	29.5
Cu	1.7		8.8	32.5
Cu	3.0		8.6	38.4
Cu	8.3		8.4	42.5
Cu/Mn	1.7		8.45	50.1
Cu/Mn	3.0		8.4	57.8
Cu/Mn	8.3		8.3	61.8
Cu/Pd	1.7		8.3	65.2
Cu/Pd	3.0		8.03	78.4
Cu/Pd	8.3		7.9	84.5

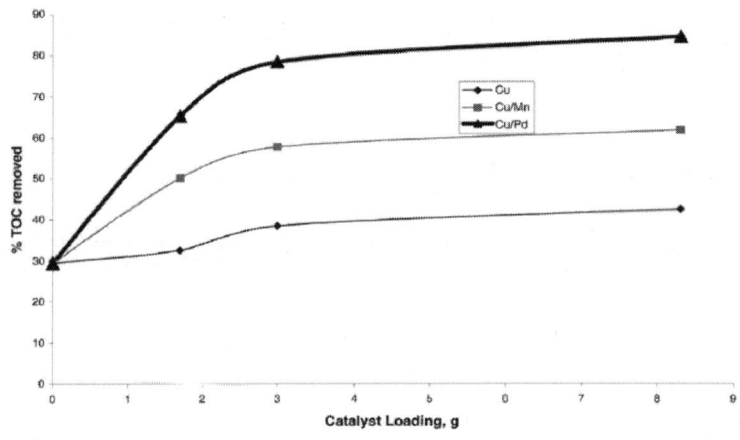

그림 4.3. Catalyst loading이 제지 폐수의 유기물 제거율에 미치는 영향

(나) 혐기성 소화 (AD)

혐기성 소화는 호기성 처리에 비해 고농도 폐수의 처리에 적합하고, 바이오가스를 회수할 수 있는 장점이 있다. Kamali et al.(2016)은 재활용 폐지를 이용한 산업과 몇몇 제지산업에서 인쇄 잉크 및 기타 불순물을 제거하는 과정에서 오염물질이 발생하며 이를 처리하는데 있어 높은 처리 비용이 문제가 되고 있다고 말했다. 특히 슬러지 처리가 주 비용 문제에 포함되는데 이때, 혐기성 소화를 이용하여 폐수처리도 하면서 바이오가스 생산까지 하여 에너지 회수를 통한 비용 문제에 도움이 될 수 있다. 또한 Amare et al.(2019)에 따르면 혐기성 소화의 경우 고농도 유기물질 처리가 가능하기 때문에 TOC 저감 기술과 결합한다면, 고농도

유기물질 처리, TOC 저감, 바이오가스 생성을 통한 에너지 회수까지 가능할 것이라고 한다.

Ekstrand et al.(2013)은 펄프·제지산업 단위 공정 별 TOC 및 혐기성 소화 가능성을 조사하였다. 총 7개의 공장에서 Wood room, TMP/CTMP; Pulping; Kraft pulping, Kraft; Acid bleach; ECF, Kraft pulping; Alkali bleach; ECF, Kraft; Total bleach; ECF, Kraft; Bleach; TCF, TMP/CTMP Bleach; P, Condensate efflents, PM/DM white waters, NSSC composite, Before presed, After presed. 파트의 유출수를 채취하여 총 62개의 샘플에 대해 배치 실험을 진행하였다.

다음 표는 methane yield 별 차이를 색깔별로 나타낸 것이며 메탄 yield가 클수록 TOC 제거율도 크다는 것을 알 수 있었다. 진한 파랑색과 초록색의 경우 그 yield 값이 가장 큰 것을 확인할 수 있었으며, A 공장과 D 공장이 높은 값을 나타내었고, 공정의 경우, 기계식 펄프 표백 공정에서의 유출물과 응축수 유출물, NSSC 복합폐수가 높은 값을 나타냈다.

표 4.9. 추출된 펄프와 제지 폐수 유출물의 데이터. 이론치 (940Nml/g TOC) 대비 메탄수율

Mill	A	B	C	D	E	F	G
Process	TMP	CTMP Kraft	NSSC Kraft	NSSC Kraft	Kraft	Kraft	CTMP
Sampled effluents	6	10	11	10	7	10	6
Wood room	A2	B1	C9	D1	-	F1	-
TMP/CRMP; Pulping	A5, A6	-	-	-	-	-	G2
Kraft pulping	-	-	C14, C15	D4	E12, E20	F3	-
Kraft; Acid bleach; ECF	-	-	C2S, C3H	,D9	-	F4	-
Kraft pulping; Alkali bleach; ECF	-	-	C3S,C3H	D8, D10	-	-	-
Kraft; Total bleach; ECF	-	-	C6	-	-	F6	-
Kraft; Bleach; TCF	-	B3, B4, B8	-	-	E6, E7	-	-
TMP/CTMP Bleach; P	A41	B7,B9	-	-	-	-	G3,G5
Condensate efflents	-	B12	-	-	E9	F20	-
PM/DM white waters	A9	B5	C1	D11	-	-	-
NSSC composite	-	-	C10	D3	-	-	-
Before presed	A13	B10	C7	D6	E15	F10	G7
After presed	A13	B11	C8, C11	D13, D14	E16	F15, F16, F17	G8

*~20%, 20% ~ 30%, 30% ~ 40%, 40% ~ 50%, 50%~

아래의 그래프들은 각 공정별 시간에 따른 메탄 누적 수율을 나타내며 앞서 언급했던 기계식 펄프 표백 유출물, 응축수 유출물과 반화학 복합 유출물인 G, H, J가 대부분 공장에서 500에 가까운 혹은 500 이상의 높은 값을 보여주었고 추가적으로 제지 기계 및 건조기 흰색 유출수에 해당하는 I가 몇몇 공장에서 높은 값을 띄는 것을 확인할 수 있었다.

　높은 값을 가졌던 공정들을 자세하게 살펴보면 대부분 공정에서 TOC의 양보다 COD의 양이 3배 이상이며 가장 높은 값을 가진 응축수 유출물의 경우 높은 pH 값을 가진 것을 확인할 수 있었다. 제지 기계 및 건조기의 흰색 유출물에서는 공장마다 pH와 TOC, COD 양의 차이가 큰 것을 알 수 있었다. 제지 및 펄프 공정의 응축수 유출물, 반화학 복합 폐수 등 다양한 공정의 샘플을 통해 메탄 생산량이 이론적으로 50% 이상이라는 것을 알 수 있었다. NSSC 공정 즉 반화학 복합폐수에서 나온 복합 유출물은 모든 공장에서 메탄 생산량이 60% 이상을 띄어 효과적인 기질로 나타났다.

표 4.10. 기계적 펄프 표백 유출액

공장	원재료	pH	TOC (mg/L)	COD (mg/L)	COD/TOC	CH_4 (NmL/g TOC)
A41	연한 나무	7.9	3270	9920	3.0	470±11
B7	연한 나무	6.8	2380	7860	3.3	450±23
B9	연한 나무	6.3	2350	8260	3.5	340±14
G3	연한 나무 (비표백)	8.7	3330	9820	2.9	440±21
G5	연한 나무 (비표백)	7.5	2090	6890	3.3	450±15

표 4.11. 응축수 유출액

공장	원재료	pH	TOC (mg/L)	COD (mg/L)	COD/TOC	CH_4 (NmL/g TOC)
B12	연한 나무 (spruce)	9.4	3290	14810	4.5	1090±12
E9	강한 나무	8.0	380	1450	3.8	600±28
F20	연한 나무	9.4	170	720	4.2	640±57

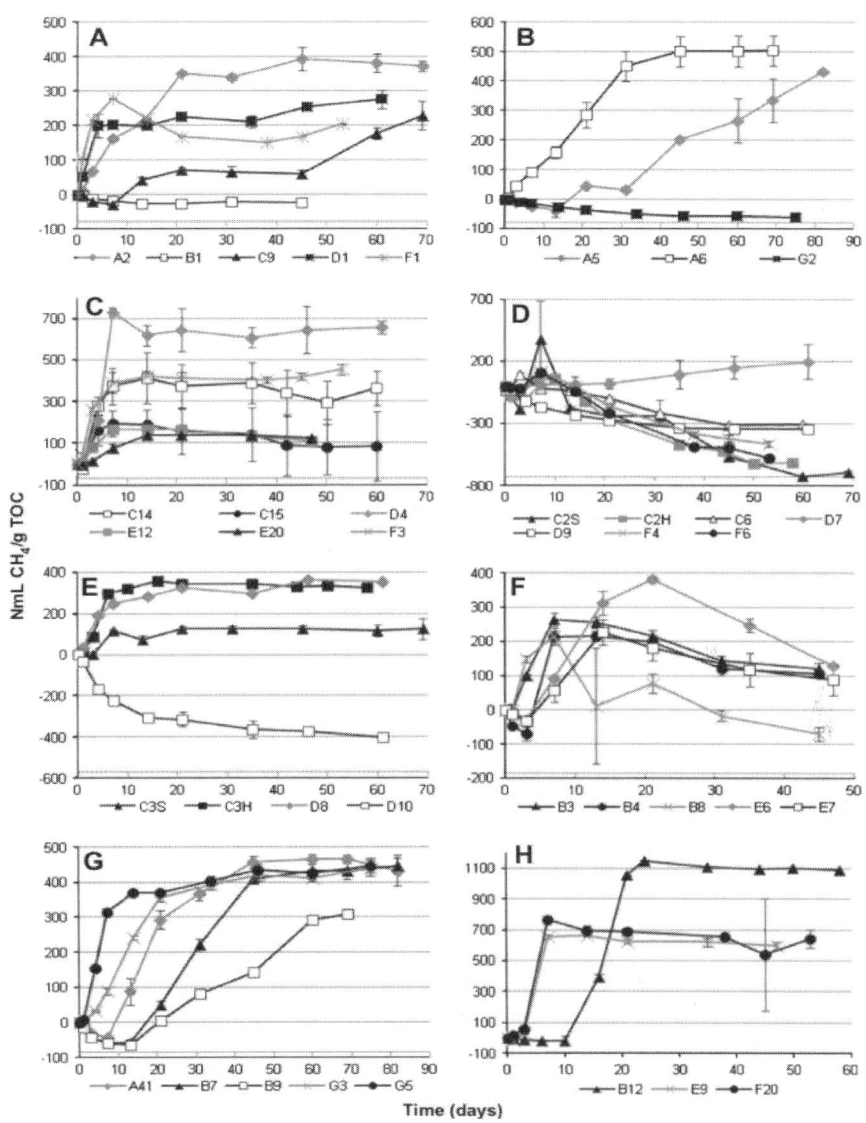

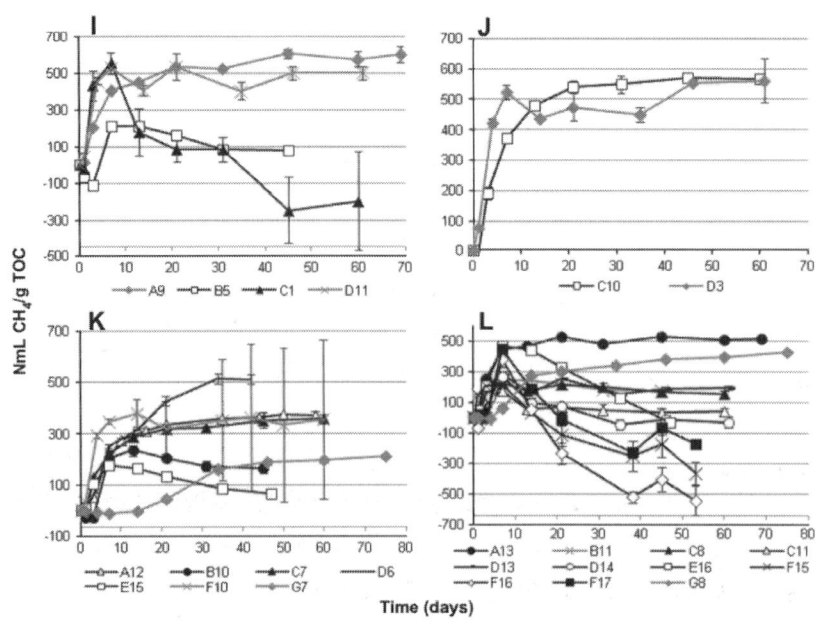

그림 4.4. 시간(일)에 따른 메탄 누적 생산(NmL/g TOC, SD를 사용한 triplicates의 평균)

표 4.12. 종이 기계와 건조기 백수

공장	원재료	pH	TOC (mg/L)	COD (mg/L)	COD/TOC	CH4 (NmL/g TOC)
A9	연한 나무	7.5	530	3420	6.5	600±44
B5	연한 나무 (spruce)	5.4	460	1250	2.7	76±18
C1	연한 나무	6.5	90	260	2.9	-200±270
D11	연한 나무 + 강한 나무	8.6	190	330	1.7	500±36

표 4.13. 중성 황산염 반화학 복합유출물

공장	원재료	pH	TOC (mg/L)	COD (mg/L)	COD/TOC	CH4 (NmL/g TOC)
A9	강한 나무 + 재활용 종이	7.3	970	3710	3.8	570±12
B5	강한 나무	7.0	210	670	3.2	560±73

일본의 경우 Nippon paper Industies 제지 회사에서는 생물학적 처리방법 중 고농도 유기물 처리에 효율이 좋은 혐기성 소화(Anaerobic digestion) 설비를 BAT로 적용한 사례가 있다(Japanese journal of paper technology(2004)). 해당 사업장에서는 질소 및 알칼리 농도 등 메탄 발효에 적합한 Kraft 펄프(KP) 증해폐액을 주로 처리하는데, KP 증해폐액의 성분에는 CODcr로서 2,000~3,500ppm 정도의 유기물이 함유되어 있으며, 그 주성분은 메탄올로서 CODcr 환산으로 유기물의 약 8~9할 정도를 차지하고, 기타 성분으로는 아세톤이나 알데히드 등과 소량의 취기 성분이나 유기용제 추출성분이 함유되어 있다. KP 증해폐액에는 메탄 발효에 필요한 암모니아 화합물질의 질소 농도 등이 적정한 범위로 존재하고 있으며, 또한 알칼리 농도도 메탄 발효에 적합한 상태이다. 증해폐액은 저수조에서 냉각된 다음, 조정조에서 조정 후 리액터 내로 상향류로 유입시키면 탱크 내에서 입상(granule) 오니와 폐액이 접촉하여 반응하는 혐기성 소화 처리공법인 UASB 공법(상향류 혐기성 슬러지 블랭킷법, Upflow anaerobic sludge blanket)을 이용하여 폐수처리의 효율을 높였다. 발생하는 바이오가스는 황화물도 미량 함유하고 있기 때문에 탈황탑을 거쳐 보일러로 보내진다. 메탄 발효에 의해 냄새 성분이 제거되기 때문에 많은 에너지가 소요되는 현행의 스트리핑(stripping) 처리설비가 따로 필요하지 않으며, 메탄 발효에 의해 얻어지는 바이오가스는 보일러 가동 에너지로 이용할 수 있다. 메탄 발효에 필요한 추가 성분에 대한 비용이나 플랜트 운전 비용에 비해 얻어지는 에너지 삭감 효과가 훨씬 이점이 큰 것으로 나타나고 있다.

(다) 생물학적 처리와 화학적 처리의 결합 공정

다양한 화학적 처리 방법과 생물학적 처리 방법을 적절하게 결합하여 효과적인 폐수처리를 위한 연구가 계속해서 진행되고 있다.(Lotito et al. (2012), Holkar et al.(2016))

Blanco et al.(2014)은 AOP(Advanced Oxidation Process)중 하나인 Photo-Fenton 공정과 생물학적 처리공정인 SBR(Sequencing batch reactor)을 연계하여 연구를 진행하였다. 먼저 폐수를 SBR을 통해 생물학적 처리를 진행하여, 폐수의 TOC를 최대 75%까지 저감 하였다. 이렇게 처리된 물에 남아있는 일부 생분해성 화합물은 제거되지 않기 때문에 폐수의 난분해성 분율을 제거하기 위해 후처리 공정으로 photo-fenton 공정을 적용하였다. 이렇게 photo-fenton 공정까지 거친 폐수는 95% TOC 저감 및 97%의 COD_{Cr} 저감 효과를 보였다.

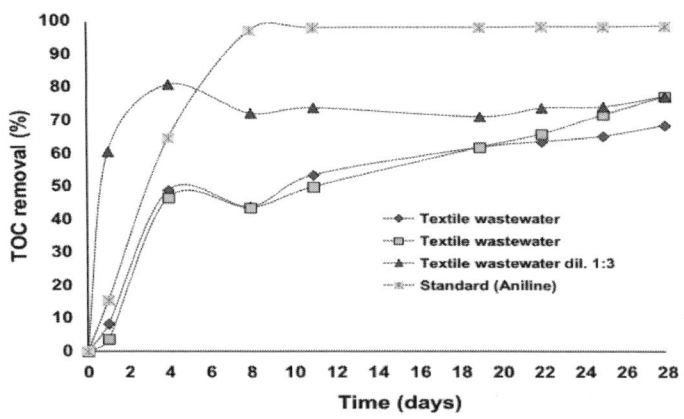

그림 4.5. SBR공정 처리에 따른 폐수의 TOC저감

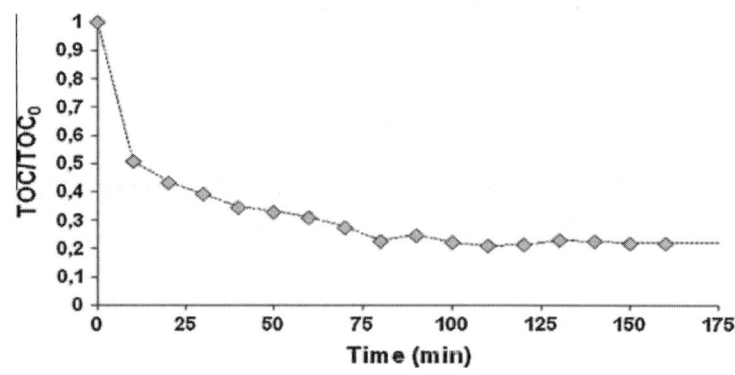

그림 4.6. SBR 공정 + photo-fenton 공정 후 폐수의 TOC 저감률〉

  Lotito et al. (2012)은 생물학적 처리공정인 SBR 공정과 오존산화공정을 결합하여 연구를 진행하였다. 다음 그림을 보면 비교평가를 위하여 생물학적 공정만을 활용한 결과 약 25~65%의 COD_{Cr} 저감 효과를 보였지만, 오존산화공정이 결합된 실험에서는 최대 80%까지의 COD_{Cr} 저감 효과를 볼 수 있었다. COD_{Cr} 저감 뿐 아니라, 폐수의 색소 탈색효과에도 결합공정이 효과적인 결과가 나타났다. 또한 오존산화공정으로 결합한 모든 시점에서 90% 이상의 흡광도가 감소함을 알 수 있다.

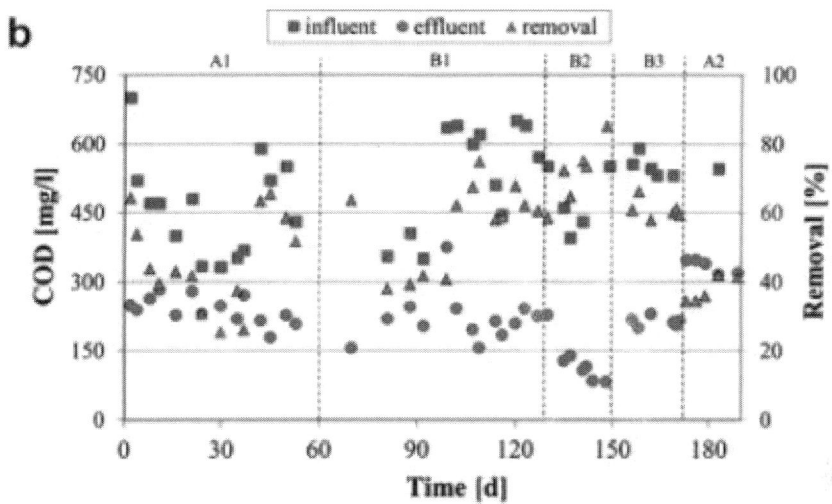

그림 4.7. 생물학적 단독공정(A)과 생물학적 및 오존산화 결합공정(B)에서의 COD_{Cr} 저감 비교

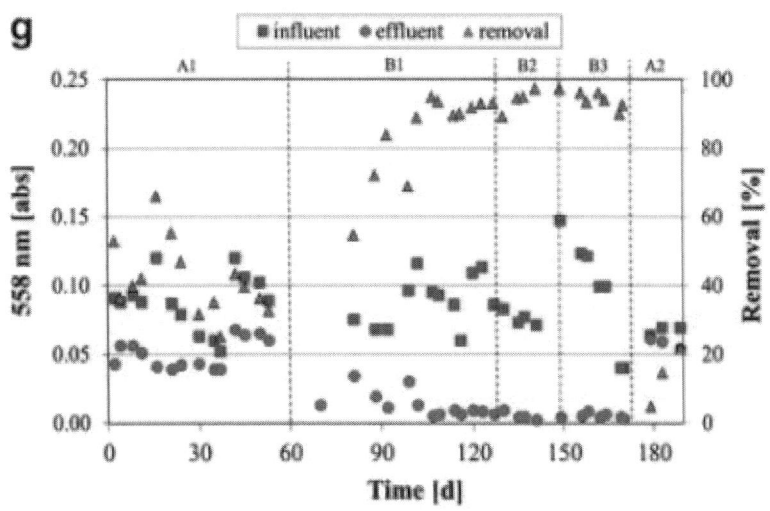

그림 4.8. 생물학적 단독공정(A)과 생물학적 및 오존산화 결합공정(B)에서의 흡광도 감소 비교

펄프·제지 산업의 표백 공정은 염소 및 염소화 화합물의 사용으로, 공정 부산물인 AOX(Adsorbable Organic Halides)를 높은 농도로 배출한다(Abn, ji-Whan, 2009). AOX는 클로로페놀, 구아이아콜, 푸란 및 다이옥신을 포함하며, 이는 유독한 발암물질로, AOX의 제거는 펄프·제지 폐수처리에 있어 필수적인 공정이다.

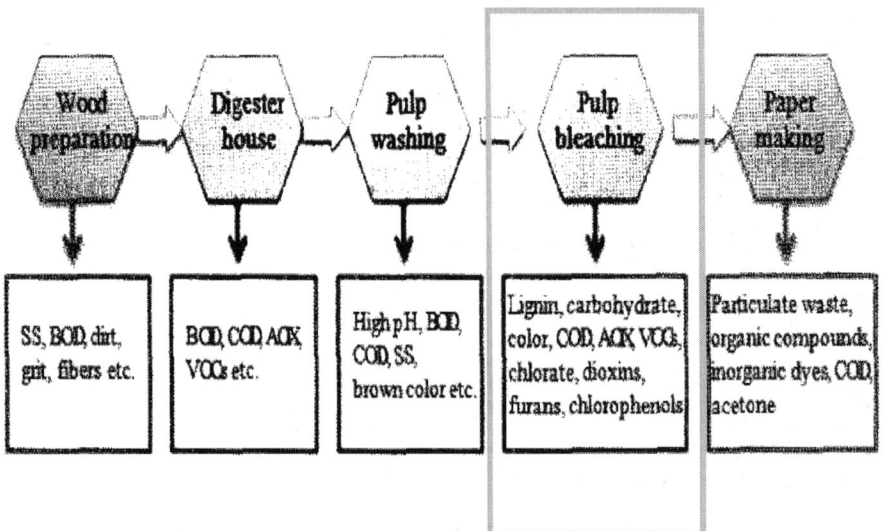

그림 4.9. 제지 폐수에서 AOX 배출 항목

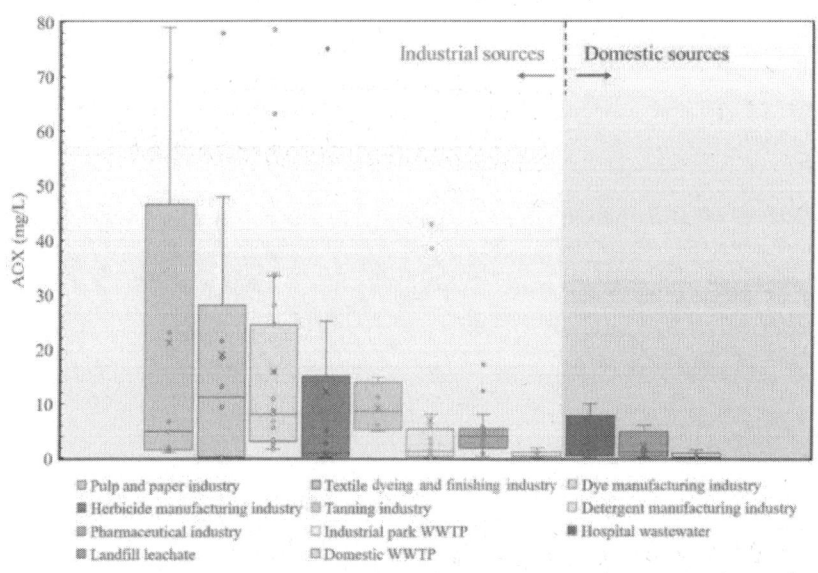

그림 4.10. 업종별 폐수배출시설 AOX 배출 농도(Ranyun Xu. et. al. 2021)>

기존의 AOX 제거 공정은 주로 입상활성탄(GAC)을 이용한 흡착공정을 사용해 왔으나, 일정 시간이 지나면 오염물질에 의해 오염되어 정기적 재생이 필요하다. 이를 개선하기 위해 Aerobic Granules를 이용한 생분해를 통해 AOX와 COD를 제거하는 기술을 제안하려 한다(Treatment of Adsorbable Organic Halide(AOX) from pulp and paper industry wastewater using aerobic granules in pilot scale SBR, Farooqi. et. al, 2017).

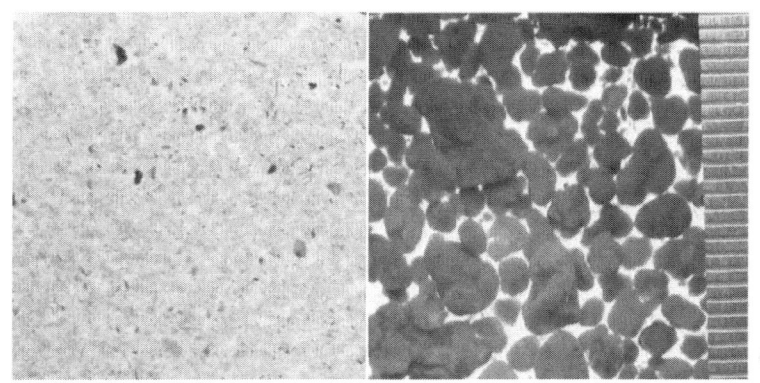

그림 4.11. SBR 내 Aerobic Granules(Farooqi. et. al, 2017)

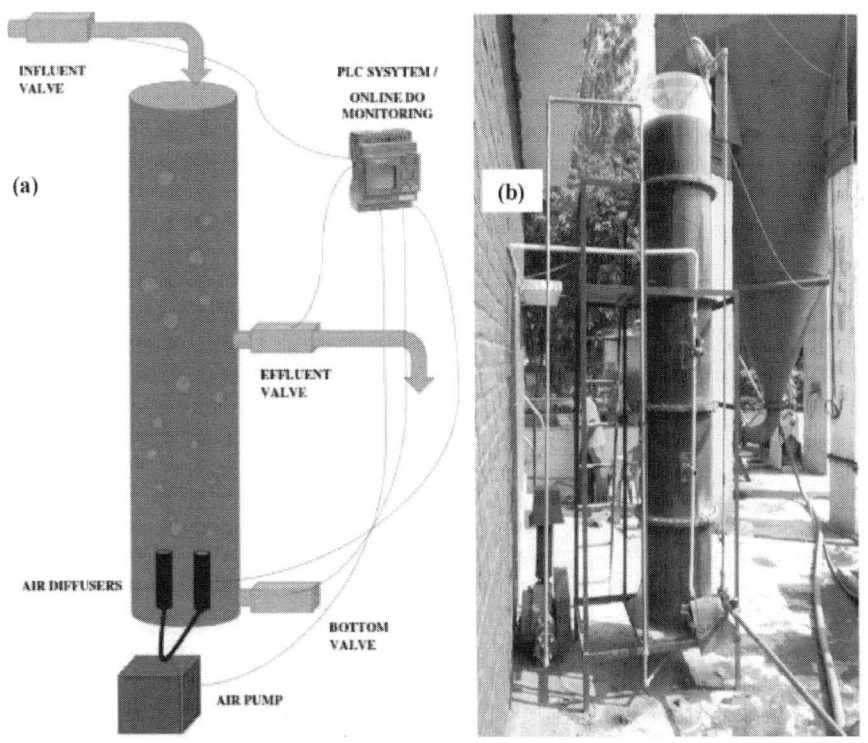

그림 4.12. Colume형 SBR(Farooqi. et. al, 2017)

Aerobic granules를 이용한 SBR(Farooqi. et. al, 2017)의 경우 granule의 침전 능력을 활용하여, 확산 폭기를 통해 상승한 granule에 AOX를 흡착시켜 침강시킴으로서 AOX를 제거하는 공정이다. 기존의 장방형 넓은 폭기조에서 colume형의 폭기조를 사용함으로써 기존 공정 대비 약 80%의 부지면적을 줄여 폭기에 사용되는 에너지를 절감하는 효과를 부가적으로 기대할 수 있다.

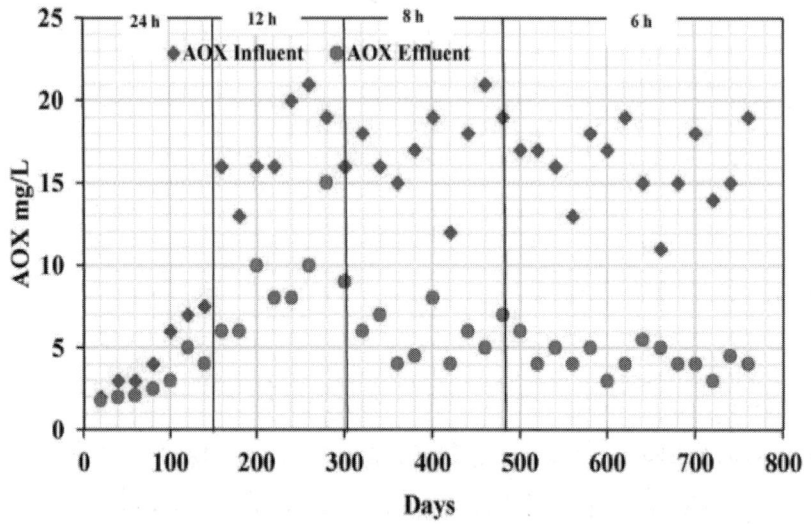

그림 4.13. Aerobic Granules에 의한 AOX 제거

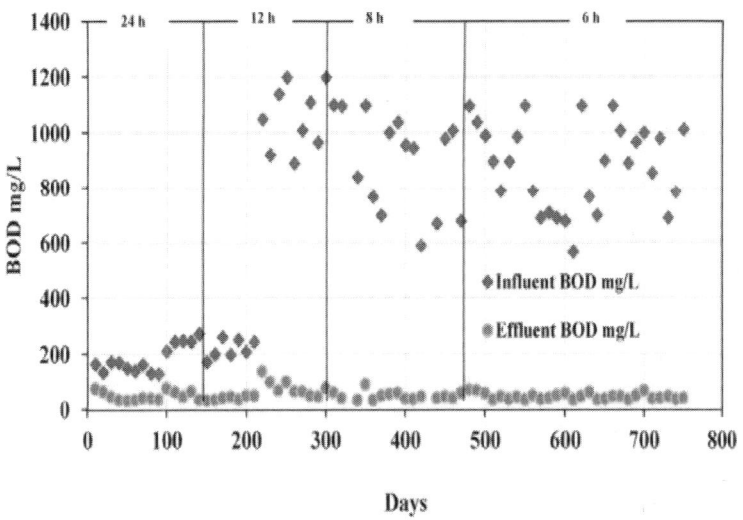

그림 4.14. Aerobic Granules에 의한 BOD 제거

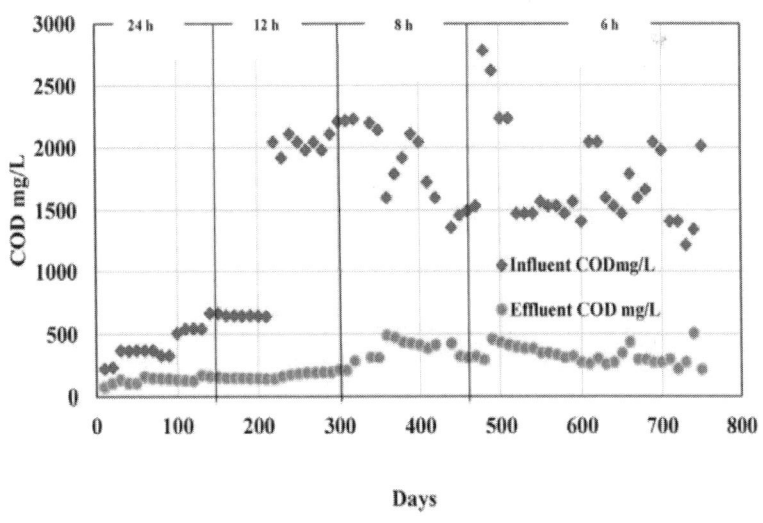

그림 4.15. Aerobic Granules에 의한 COD 제거>

Aerobic granules를 이용한 SBR의 운전 결과 AOX는 10~22mg/L ⇒ 5mg/L로 77% 제거되었음을 확인할 수 있으며, BOD, COD 역시 600~1350mg/L BOD ⇒ 30mg/L, 2000~3000mg/L ⇒ 250mg/L로 각각 97%, 92%로 제거된 것을 확인할 수 있다.

중국의 Jiaozuo Ruifeng Paper 회사는 연간 180,000 m³의 제지 펄프를 제조하고, 제지 펄프를 제조하는 과정에서 발생하는 2,300,000m³/y의 폐수를 물리화학적 및 생물학적 처리 기술을 통해 처리하였다.

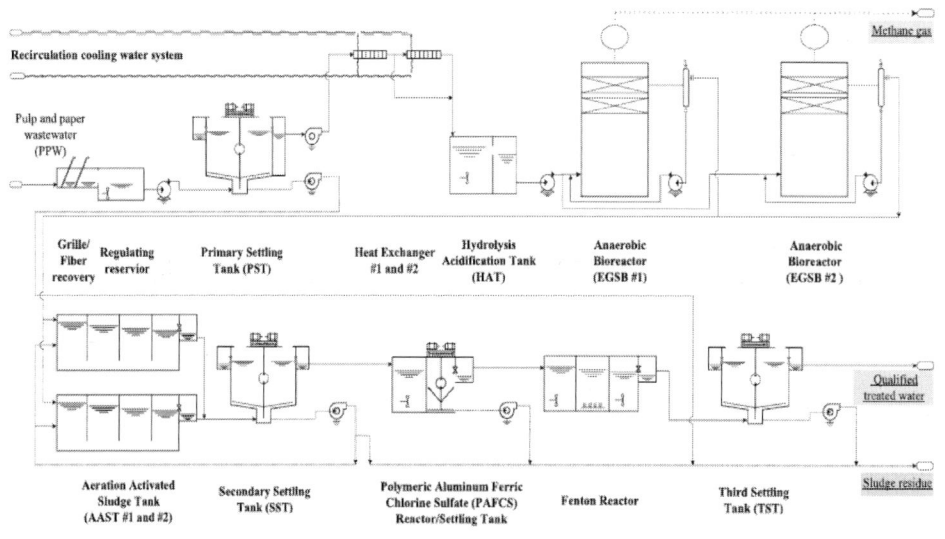

그림 4.16. 폐수 처리 공정 모식도

폐수 처리 공정은 위 그림과 같이 구성되어 있고, 세부 공정으로는 그릴 및 섬유 회복, 조절 저수장(RR 2277m³), 일차 침전지(PST 2640m³), 가수 분해 산성성화 장치(HAT 1139m³), 소화조1(EGSB1 2200m³), 소화조2(EGSB2 2200m³) 포기조(AAST 15600m³), 이차 침전지(SST 5688m³), 응집조 및 침전지(PAFCS 2727m³), 펜톤 반응조(Fenton reactor 1363m³), 삼차 침전지(TST 1857m³)가 있다.

제지 폐수의 온도는 여름에는 약 80℃, 겨울에는 약 65℃로 폐수 처리 공정에 유입되었다. 먼저, 제지 폐수는 그릴 및 섬유 회복 장치로 유입되었고, 이 과정에서 남아있는 섬유는 재활용되어 제지 폐수 제조 과정에 사용되었다. RR은 폐수를 혼합하여 유입 폐수의 COD를 일정하게 유지시키는 역할을 하였다. PST에서는 suspended solid(SS)가 침전되어 제거되었다. 열 교환기는 유입 폐수의 잔여 열을 재활용하여 제지 펄프 제조 과정에 사용하였고, 공정으로 유입되는 제지 폐수의 온도를 38℃로 유지시켰고, EGSB1,2로 유입되는 제지 폐수의 온도를 35-38℃로 유지시키는 역할을 하였다. HAT는 열 교환기와 함께 EGSB1,2로 유입되는 제지 폐수의 온도를 35-38℃로 유지시키는 역할을 하였고, soluble chemical oxygen demand(SCOD)를 약 10,000 mg/L로 유지시켰다. EGSB1과 EGSB2는 제지 폐수의 유입 유량, 수리학적 체류시간(HRT), COD 부하, 유기 지방산을 동일하게 유지하였다. 또한, 혐기성 소화 과정에서 나오는 바이오가스의 에너지를 회수하여 제지 펄프 제조 과정에 이용하였다. AAST는 호기성 공법을 통해 오염물을 처리하였고, AAST의 유출수는 SSTR에서 침전되고, 잔여 비용해성 오염물 및 난분해성 오염물은 PAFCS와 Fenton reactor을 통해 제거되었다. 모든 과정을 거친 폐수는 TST에서 침전된 후 최종적으로 방류되었다.

다음 표에서 볼 수 있듯이, 제지 폐수는 폐수 처리 공정을 통하여 COD가 17,388±1436 mg/L에서 33±4 mg/L로 감소하였고, 99.81 ± 0.03%의 COD 제거율을 나타냈다.

표 4.13. 유입수 및 유출수의 오염정도

	Water volume (m^3/h)	COD (mg/L)	NH_4^--N (mg/L)	Total phosphate (mg/L)	Total nitrogen (mg/L)	Suspended solids (mg/L)	pH
Influent	269 ± 38	17388 ± 1436	60–80	20–30	80–100	2000–5000	5–8
Effluent	269 ± 38	≤50	≤8	≤0.5	≤15	≤30	6–9

먼저, COD는 grille을 통해 17,388 ± 1436 mg/L에서 12,610 ± 1393 mg/L로 감소하였고, HAT을 통해 일부 감소된 후 생물학적 처리 공정에 유입되었다. EGSB1, EGSB2로 유입되는 폐수의 평균 COD는 10,348 ± 1357 mg/L이고, 혐기성 소화 공정을 통해 3261 ± 407 mg/L로 감소된 후 AAST로 유입되었다. 유입된 폐수는 AAST와 SST 과정을 거친 후 1123 ±290 mg/L COD 농도로 배출되었고, 이후 화학적 처리 및 침전을 통해 최종적으로 33±4 mg/L로 감소하였다.(그림 3) 각 과정의 COD 제거 효율을 계산해 보면, 물리적, 혐기성 처리, 호기성 처리, 화학적 처리는 41.6%, 40%, 11.9%, 6.5%의 제거율을 보여주었다. EGSB의 평균 COD 부하는 14.9±2.6kg COD/m3/d이고 AAST의 평균 유기물 부하는 1.3 ± 0.2 kg cod/m3/d이다.

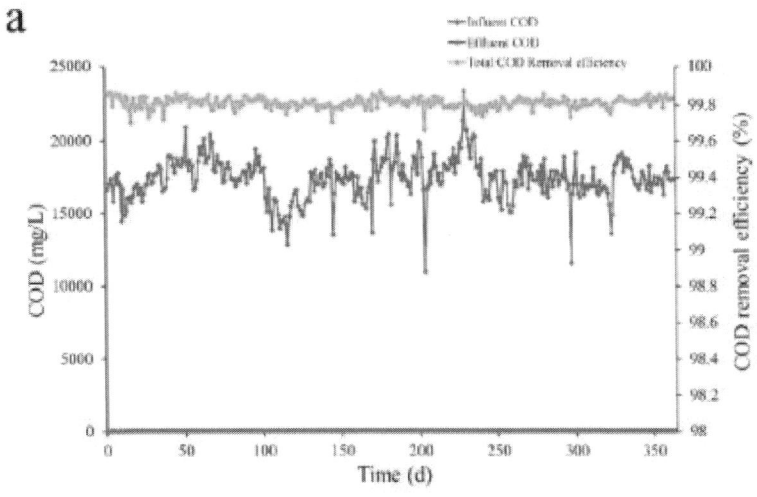

그림 4.17. 유입수, 유출수의 COD 농도 및 COD 제거율

EGSB와 AAST의 HRT는 16.7 ± 2.4h, 59.1 ± 8.9h로 운전하였다. 또한, 제지 폐수는 폐수 처리 공정을 통하여 total suspended solid(TSS)가 4115± 231 mg/L에서 23 ± 1 mg/L로 감소하였고, 99.43 ± 0.04%의 TSS 제거율을 나타냈다. 일부 SS는 PST를 통해 4115± 231 mg/L에서 555 ± 40 mg/L로 감소하였고, 침전물은 재활용되어 제지 펄프 제조 과정에 재이용되었다. 생물학적 처리 및 화학적 처리 과정을 거친 후 최종적으로 TST에서 침전 후 TSS는 23 ± 1 mg/L의 농도로 유출되었다. 각 과정의 TSS 제거 효율은 PST, SST, TST 과정이 각각 86.5%, 10.8%, 2.1%의 제거율을 보여주었다. 제지 펄프 폐수의 주 SCOD는 lignocellulose로 구성되어 있는데, HAT을 통해 유입 폐수의 SCOD 농도를 10,163 ± 3,461 mg/L로 감소시켰다. 이후 생물학적 처리공정인 EGSB1, EGSB2, AAST를 통해 1123 ± 290 mg/L로 감소하였다. 난분해성 유기물과 잔여 제지 염색약은 PAFCS와 Fenton reactor을 통해 제거되었다.

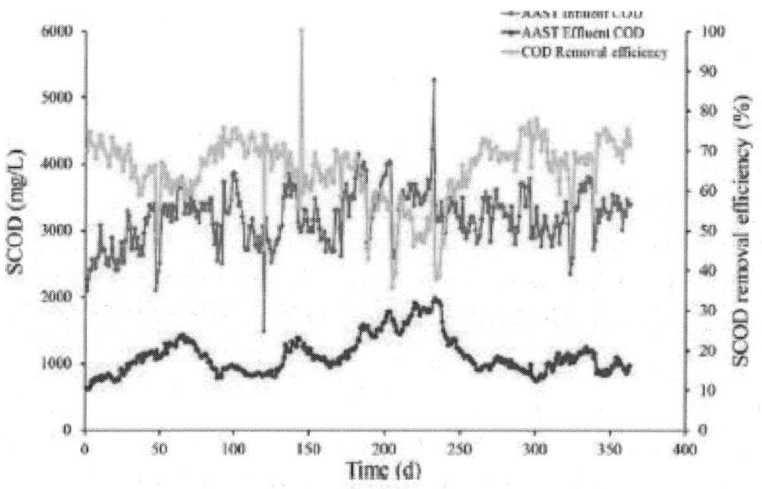

그림 4.18. AAST의 COD 제거율

폐수 처리 공정을 운전함에 있어서, pH의 변화는 운전 효율에 큰 영향을 미칠 수 있어, 안정적인 pH 유지는 필수적이다. 본 연구에서 각 공정별 pH는 PST 6.6±0.6, HAT 6.8±0.4, EGSB1 7.7±0.1, EGSB2 7.8±0.2, AAST 8.5±0.1, PAFCS 3.5-3.8, Fenton reactor 6.5-7.0로 안정적으로 유지되었다. 반응기 내 유기산의 축적은 pH 변화를 야기할 수 있고, 반응기의 운전 효율에 큰 영향을 미칠 수 있다(Wei et al., 2018; Wei et al., 2015). EGSB의 유기산 측정 결과, 운전 기간 동안 유기산 농도가 낮게 유지가 되었고, 유입 및 유출 유기산 농도는 70±14mmol/L, 3.4±2.2mmol/L로 95.6% ± 2.6%의 제거율을 보였다. 본 공정을 통해 제지 폐수는 중국의 환경 기준 <50mg/L COD를 만족하였다.

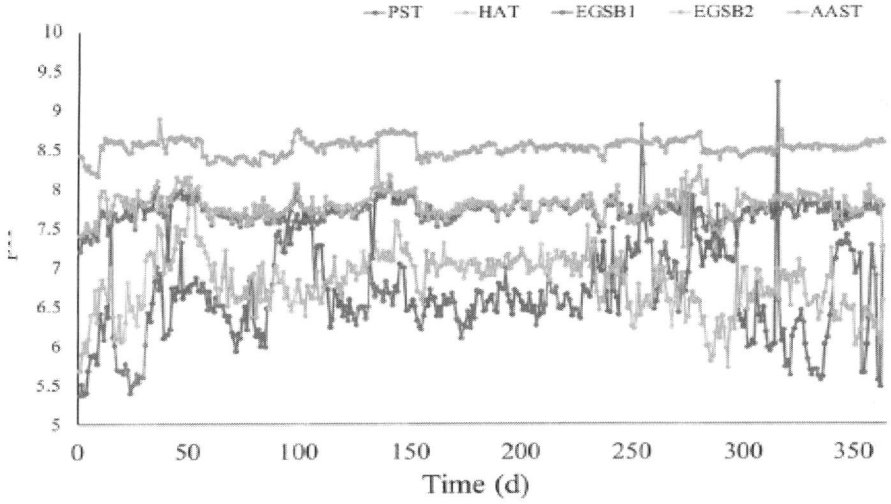

그림 4.20. 각 공정별 ph 변화

열 교환기는 잔여 열을 재활용하여 제지 폐수 제조 공정에 이용되는 물을 가열하는데 사용되었다. 재활용된 잔여 열은 약 4.23x108kJ/d로 213.6t/d의 증기에너지(1.25MPa, 189.85 C)와 같은 에너지를 생산할 수 있다. 같다. 또한, EGSB bioreactor은 하루 평균 20,000m3의 바이오가스를 생산하고, 이 바이오가스는 180t/d의 증기에너지(1.25MPa, 189.85 C)와 같은 에너지를 생산할 수 있다. 제지 폐수 처리 과정에서 발생하는 비용과 에너지를 회수하여 얻은 이익을 통해 공정의 경제성을 평가하였다. 제지 폐수 처리 공정 운영 비용에는 전기료, 화학약품 및 다른 모든 비용들이 포함하였다. 폐수 처리 공정에서는 잔여 열과 바이오가스를 통해 에너지 회수를 하였고, 모든 비용을 시장가를 기준으로 계산하였다. 경제성 평가 결과, 1m3의 폐수는 4.4 CNY의 이익을 창출할 수 있는 것으로 평가되었고, 이는 연간 발생 폐수량 2.3M m3 기준 10.12 M CNY을 창출할 수 있을 것으로 평가되었다.

표 4.14. 폐수 처리 공정의 경제성 평가

	Cost	Price[a]	Benefit (CNY/m³)[b]	Usage
Electricity	3.36 kWh/m³	0.6 CNY/kWh	-2.02	Stiring, pumping and others
NaOH (30% w/w)	0.35 kg/m³	1.1 CNY/kg	-0.39	pH regulation for several parts
PAFCS (10% w/w)	8 kg/m³	0.18 CNY/kg	-1.44	Flocculating agents
Cationic polyacrylamide	19 g/m³	15 CNY/kg	-0.29	Coagulant agents in PAFCS part
Anionic polyacrylamide	25 g/m³	10.5 CNY/kg	-0.26	Coagulant agents in Fenton part
FeSO4	1 kg/m³	0.15 CNY/kg	-0.15	Catalysis reagents in Fenton part
H2O2 (27.5% w/w)	0.17 kg/m³	0.89 CNY/kg	-0.15	Oxidization reagents in Fenton part
Other expenses	3.75 kg/m³	0.5 CNY/kg	-1.88	Sludge processing and others
Steam produced from biogas	27.89 kg/m³	0.18 CNY/kg	5.02	55188.73 kJ/m3 wastewater
Steam recycled from residual heat	33.13 kg/m³	0.18 CNY/kg	5.96	65557.64 kJ/m3 wastewater
Total cost/benefit			4.4	Benefits from the treatment

[a] According to the exchange rate, one CNY (¥) is equal to 0.146 USD ($) on January 14, 2020.
[b] The negative number in this column means the expense/cost for PPW treatment; The positive number in this column means the benefit obtained from PPW treatment.

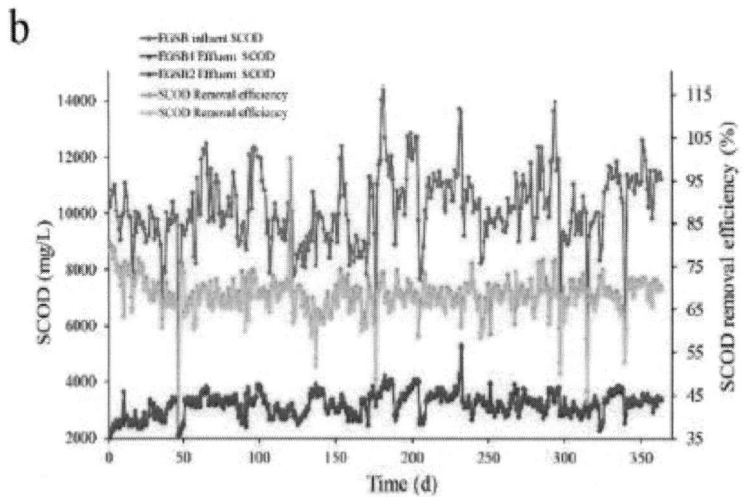

그림 4.19. EGSB의 SCOD 제거율

중국 Jiaxing의 제지 회사는 Internal Circulation(IC) - Anoxic/Oxic (A/O) - Ultra filtration(UF) - Reverse Osmosis (RO) 공정을 이용하여 120일간 제지 폐수를 처리하였다. 폐수 처리 공정은 그림 19과 같이 순환조(1400m³), IC 반응기(2600m³) 5개, A/O 반응기(Anoxic 1,000m³, Oxic 13,000m³), 이차 침전지(SST), 모래 여과, UF(465m³), RO(350m³)로 구성되어 있다. 순환조는 유입속도 300m³/h, Mixed liquor suspended solids(MLSS) 76.9g/L 농도로 IC에 안정적으로 제지 폐수를 유입시킨다. 운전 비용을 최소화하기 위하여 A/O 반응기에서의 DO 농도는 0.5-1mg/L, MLSS의 농도는 5.0-7.5g/L로 안정적으로 유지되었다. IC-A/O 유출수의 일부는 5000m³/d 속도로 UF-RO 시스템으로 유입되었다. 모래 여과 장치에서는 silica sand가 사용되어 SST에서 나오는 유출수의 불순물을 제거하고 탁도를 낮추었다. RO 농축액은 sand filter 역세척에 사용되었고, 물 역세척과 공기 역세척의 속도는 약 12L/m²-s, 22L/m²-s이다. UF에 사용된 멤브레인은 DOW사의

SFP-2880으로 공극 0.3um, polyvinyl fluoride 재질로 구성되어 있고, RO에 사용된 멤브레인은 DOW사의 BW30-FR400으로 공극 0.1nm, polyamide 재질로 구성되어 있다.

제지 폐수의 유입 COD, TOC, TN 농도는 각 1,749mg/L, 669mg/L, 130mg/L이고, IC 반응기를 통해 COD TOC TN을 30.7%, 25.7%, 6.9%로 효과적으로 제거하였다. Kamali et al.에 따르면, 호기성-UASB를 통해 응축수 및 표백 폐수를 처리할 때 COD 제거 효율은 32.7%로 본 공정에서의 30.7%보다 높았다. 그러나, IC 반응기는 내화성 화합물을 분해하고 폐수의 생분해성을 증가시켰다. IC 처리 이후, BOD_5의 농도는 130mg/L에서 622mg/L로 증가하였고, BOD_5/COD의 비율은 0.07에서 0.51로 크게 증가하였다. 또한, NH_4^+-N의 농도 또한 증가하였는데, 이는 hydrolysis 과정에서 제지 폐수의 유기 질소가 NH_4^+-N으로 변환되었기 때문이다.(Jia et al., 2015)

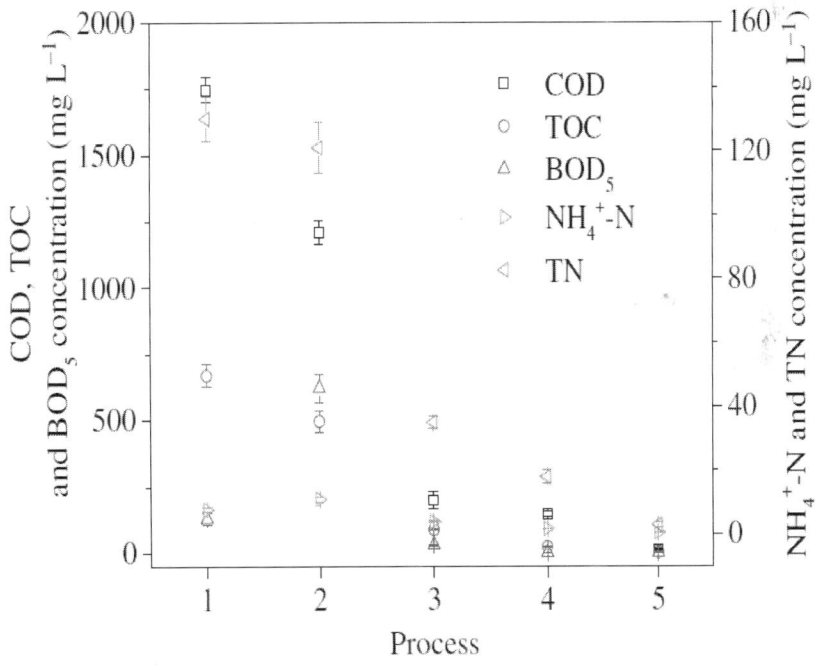

그림 4.22. 각 공정에서의 COD, TOC, BOD_5, NH_4^+-N, TN의 농도

IC 반응기의 유입수 및 유출수의 ph가 혐기성 미생물의 생장에 적합한 6.5-6.7, 6.6-7.0으로 안정적으로 유지되었다. IC reactor의 온도 또한 혐기성 미생물의 생장에 적합한 34-37.2로 일정하게 유지되었다. 아세트산, 프로피온산 및 부트릭산의 평균 농도는 각각 55.4, 35.4, 7.6mg/L로 유지되었는데, 불안정한 유기산 농도는 ph와 온도의 영향과 관련이 있다.(Guo et al., 2018) 본 공정에서 대부분의 오염물은 A/O 반응기를 통해 제거되었다. A/O 반응기의 COD, TOC, BOD_5, NH_4^+-N, TN 제거 효율은 각각 83.5%, 82.3%, 95.2%, 64.9%, 71.1%로 효과적으로 오염물을 제거하였다.

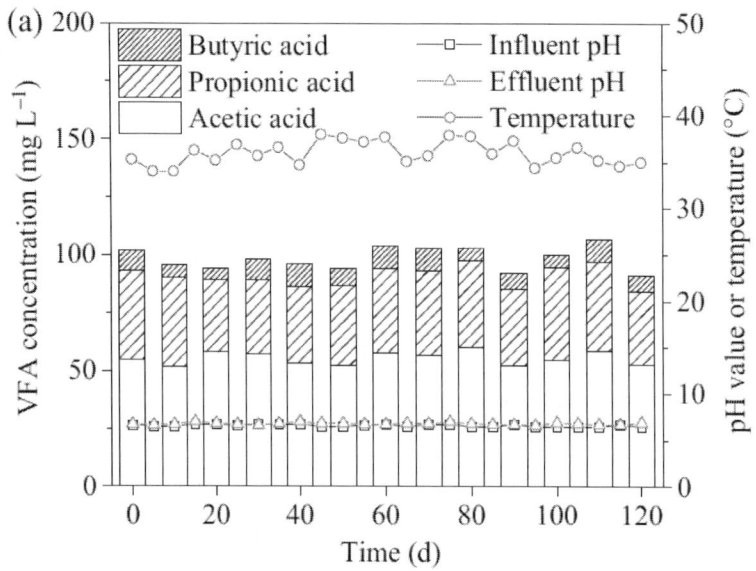

그림 4.23. IC 반응기의 유기산 농도 및 ph

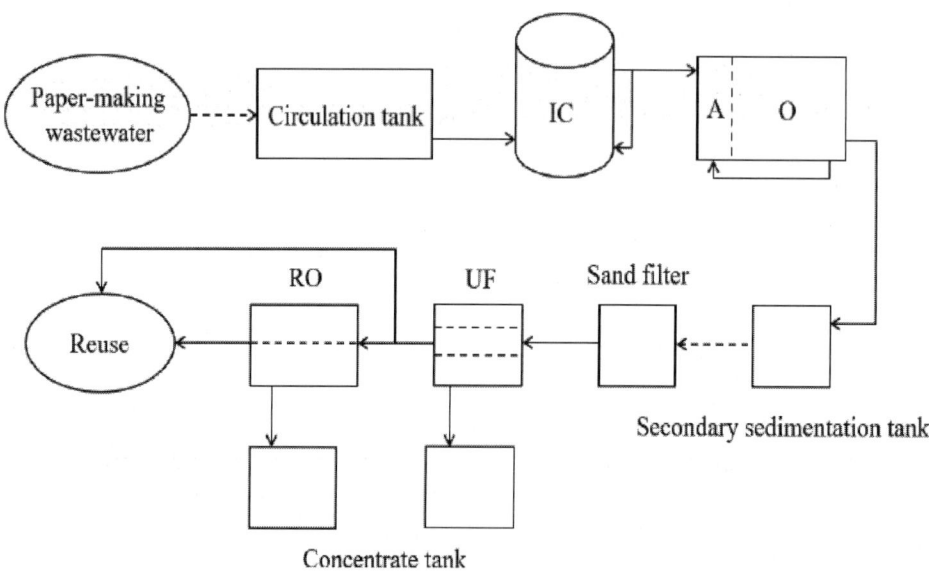

그림 4.21. 폐수 처리 공정 모식도

IC 반응기 유출수의 ph는 anoxic system이 효과적으로 작동할 수 있는 ph로 유지되었다. Anoxic 반응기 유출수 ph는 염기도 증가에 따라 7.7-7.9까지 증가하였고, Oxic 반응기에서 ph는 7.5-8.1로 변동하였다. IC 반응기 이후 유출수의 COD, TOC, BOD5,

NH4+-N, TN 농도는 각각 200mg/L. 88mg/L, 30mg/L, 3.8mg/L, 35mg/L로 나타났다. Abedinzadeh et al.에 따르면, SBR을 사용하여 폐수를 처리할 때 COD 제거 효율은 74.8%로 나타났고 유출수의 COD 농도는 252mg/L로 본 공정이 더 효과적으로 오염물을 처리한 것을 알 수 있다. 그러나 IC-A/O 처리 이후 COD와 TN은 1급 유출수 기준을 만족할 수 없었고, 이에 따른 후처리 공정이 필수적으로 필요하다.

위 그림을 통해 각 공정에서 유기물 구성이 다른 것을 볼 수 있다. 제지 폐수의 phenols, esters, ketones, carboxylic acids, hydrocarbons, alcohols 농도는 각각 9.2%, 2%, 0.6%, 63.7%, 4.1%, 3.3%이다. 제지 폐수의 유기물 중 가장 많은 량을 차지하는 carboxylic acid는 pH에 영향을 주지만, 유출수의 pH는 buffer로 인해 6.5-6.7 사이로 유지되었다.

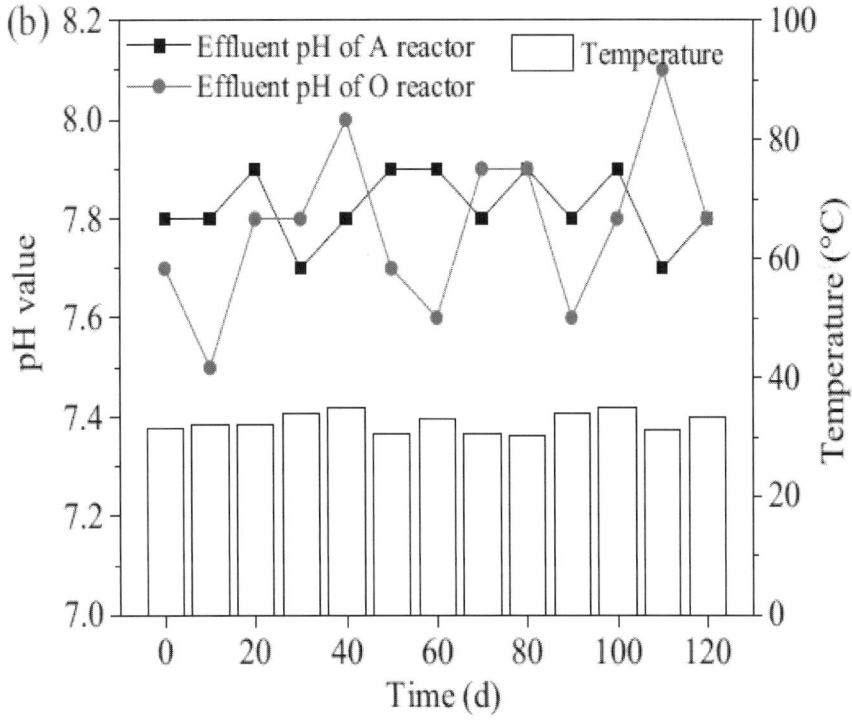

그림 4.24. A/O의 pH 및 온도

IC 반응기 이후, carboxylic acid는 45.7%까지 감소하였는데, 이는 IC 반응기에서 long-chain carbocxylic acid를 short-chaing carboxylic acid로 분해했기 때문이다.(reference) 그러나, phenol의 비율은 9.2%에서 17.7%로 증가했는데, 이에 대한 원인은

추가적인 연구가 필요하다. A/O reactor 처리 이후 phenol과 carboxylic acid의 비율은 감소하였고 esters, hydrocarbons, alcohols의 농도는 5.0%, 14.8%, 12.1%로 증가하였다. 또한, ketone은 A/O 처리 이후 검출되지 않았다.

각 공정별 유출수의 급성 생물학적 독성을 Tetrahymena thermophila를 통해 분석하였다. Persoone et al.에 따르면, 독성 등급은 급성 생물학적 독성 값(TU)에 따라 분류된다. 1.0-10.0 TU는 Class lll, 10.0-100.0은 Class lV로 분류할 수 있다. 제지 폐수의 급성 생물학적 독성 값은 32.89로 Class lV로 분류되었고, 이는 IC 및 A/O 과정을 통해 급성 생물학적 독성 값 6.68까지 감소하였고 그 결과 Class III로 분류되었다.

다음 표에서 볼 수 있듯이, UF의 SS 및 탁도 제거 효율은 각 100% 및 98.6%로 높은 효율을 보였다. 또한, COD, TOC, NH_4^+-N, TN을 각 26.5%, 73.9%, 56.4%, 48.6%로 크게 감소시켰다. 또한 RO공정을 통해 SS, SDI, turbidity가 완벽히 제거되었고, hardness와 conductivity 제거 효율은 98.3%, 95.7%로 높은 효율을 보였다.

IC-A/O-UFRO 공정을 통과한 최종 유출수의 오염물 농도는 COD 12mg/L, TOC 4mg/L, BOD_5 0.3mg/L, NH_4^+-N 0.5mg/L, TN 2.9mg/L, hardness 20mg/L, conductivity 150uS/cm이다.

표 4.15. UF-RO 공정의 처리 효율

Table 3 Other parameters in ultrafiltration–reverse osmosis (UF-RO) process

Parameters	UF		RO	
	Influent	Penetrant	Influent	Penetrant
Suspended solids (mg L^{-1})	5 ± 0.2	0	0	0
pH	6.8 ± 0.2	6.8 ± 0.2	6.8 ± 0.2	6.5 ± 0.3
Silt density index	—	2.7 ± 0.2	2.7 ± 0.2	0
Turbidity (NTU)	7 ± 0.2	0.1 ± 0.02	0.1 ± 0.02	0
Hardness (mg $CaCO_3$ L^{-1})	1300 ± 50	1200 ± 30	1200 ± 30	20 ± 2
Conductivity (μS cm^{-1})	4000 ± 150	3500 ± 100	3500 ± 100	150 ± 5
Acute toxicity (TU)	6.68	4.75	4.75	3.11

이는 유출수 처리 규정을 만족시켜 유출수를 제지 펄프 생산 과정이나 농업에 재사용할 수 있도록 하였다. 또한 IC에서 생산된 바이오가스를 통해 연간 21.2 million kWh의 전기를 생산할 수 있고, 이는 7.53 million RMB의 이익을 남길 수 있을 것으로 평가된다.

이탈리아 북동부 한 폐수처리 플랜트에서는 연간 165,000t의 제지 펄프 폐수와 15,000명 인구에 해당하는 양의 도시 하수를 동시에 처리하고 있으며, 각각 4개의 하수 및 폐수 라인을 처리한다. 제지 펄프 공장에서 나오는 3개의 폐수 라인인 공정수(제지 건조시 나오는 폐수로 양이 많고 COD는 비교적 낮음), 표백수(셀룰로스 세척에 사용되며 화학약품을 사용함), 그리고 응축수(흑액 응축 시 발생하여 lignin-sulphonate를 생성하며 COD는 가장 높음)와 하나의 도시 하수 라인을 처리하였다.

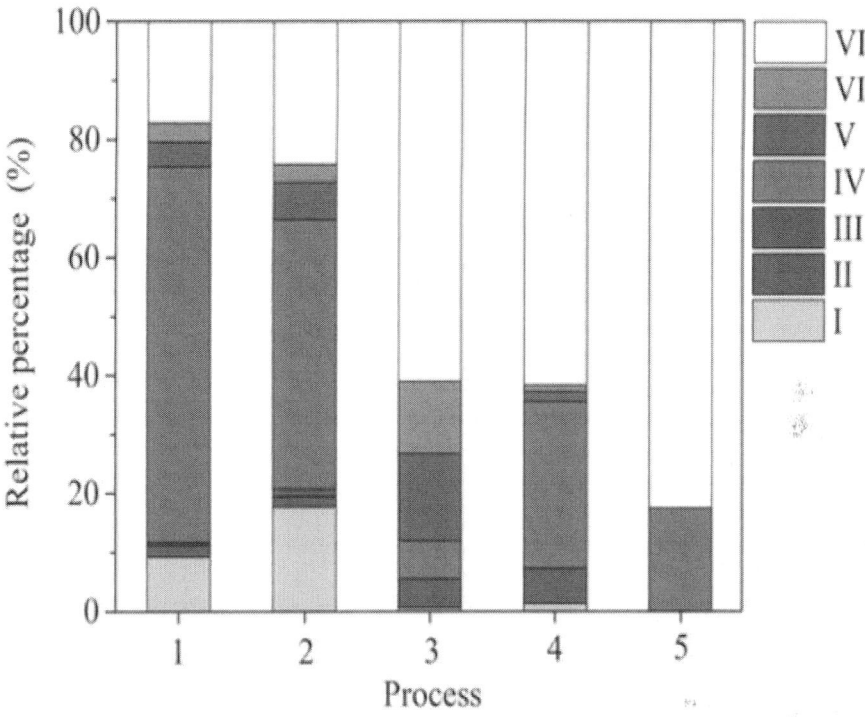

그림 4.25. 각 공정에서의 유기물 구성
(1: 제지 폐수, 2: 내부 순환, 3: Anoxic/Oxic, 4: Ultrafiltration, 5:RO, I: 페놀, II: 에스터, III: 케톤, IV: 카복실산, V: 탄수화물, VI: 알코올, VII: 기타)

표 4.16. Acute toxicity of Tetrahymena thermophila

Table 1 Acute toxicity of *Tetrahymena thermophila* exposed to wastewater from each reactor				
Sample	EC_{50}	R^2	Acute toxicity (TU)	Toxic class
Paper wastewater	3.04	0.9973	32.89	Class IV
IC effluent	6.08	0.9996	16.45	Class IV
Anoxic effluent	11.04	0.9995	9.06	Class III
Oxic effluent	14.96	0.9999	6.68	Class III
UF effluent	21.04	0.9995	4.75	Class III
RO effluent	32.07	0.9998	3.11	Class III

표 4.17. 유입 폐수의 수리학적 특서오가 부하 특성

Stream	Flowrate (m³/h)	Flowrate (%)	COD concentration (mg/L)	COD load (kg/d)	COD load (%)	pH
Condensate water	48	3.9	3,566	4108	23.9	3.5
Bleaching water	510	41.9	846	10,355	60.2	6.8
Process water	478	39.2	156	1,790	10.4	7.1
Municipal wastewater	182	15.0	214	935	5.5	7.9
Total	1,218	100.0	588*	17,188	100.0	6.9

유입 폐수(응축수, 표백수, 공정수, 도시하수) 각각에 대한 수리학적 특성과 부하특성은 위 표와 같다. 유량 측면에서 표백수와 공정수가 유입의 대부분을 차지하고 있지만, COD 부하 측면에서는 표백수와 대부분 응축수가 많은 부분을 차지하고 있다.

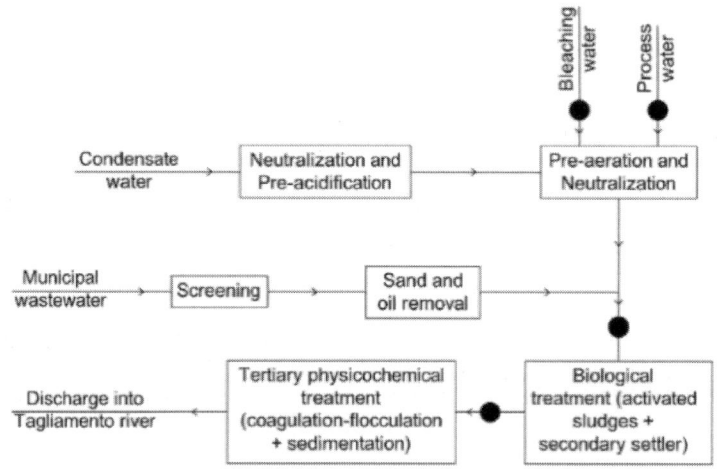

그림 4.26. 대상 폐수처리 플랜트의 공정 모식도

응축수를 전처리하는 UASB 공정은 비활성화시킨 후 응축수는 표백수, 공정수와 함께 에어레이션 영역으로 바로 보내진다. 그림 12에 나타난 공정 모식도에서 ●로 표시되어 있는 부분이 single wastewater line(표백수와 공정수), wastewater mixture(응축수, 표백수, 공정수, 도시 하수)의 생물학적 처리 전후에 대한 오존 처리 반응조의 실험 위치이다. 따라서 본 연구에서는 표백수와 공정수 단일 폐수에 대한 오존 처리의 제거율을 선행적으로 평가하고 제지폐수와 하수 혼합 폐수에 대한 생물학적 처리 전 후 오존 처리 효과를 평가함으로써 오존처리 최적의 위치를 비교평가하였다.

파일럿 스케일의 오존 플랜트 모식도는 그림 13에 도시하였다. 오존 처리는 400L의 유입 폐수에 대해 360분간 처리하는 배치모드로 진행되었으며, 오존은 지속적으로 단위공정에 유입되어 반응조 내 오존 농도는 실험의 마지막까지 점차적으로 증가한다. 단일 폐수라인 (표백수, 공정수)에 대해서는 오존 양을 40g O_3/h 로 고정하였고, 혼합 폐수라인(표백수, 공정수, 응축수, 도시 하수)에 대해서는 40g O_3/h과 80g O_3/h 두 가지 경우에 대해 실험하였다.

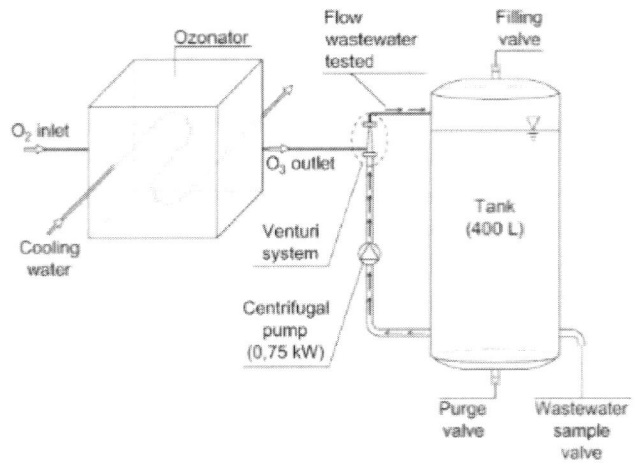

그림 4.27. 파일럿 스케일 오존 플랜트 모식도

단일 폐수 라인에 대한 오존 처리 결과는 다음 그림과 같다. 공정수의 경우 오존 사용량 600mg O_3 / L 이상에서 COD 제거율 61%을 나타냈으며, 표백수의 경우에는 21-28% 제거율로 비교적 낮은 제거율을 나타냈다. 하지만, 표 X에서도 나타났듯이 표백수의 경우 공정수보다 COD 농도가 5배 이상 높기 때문에 총 COD 제거량은 표백수는 211mg/L, 공정수 95mg/L임을 확인하였다.

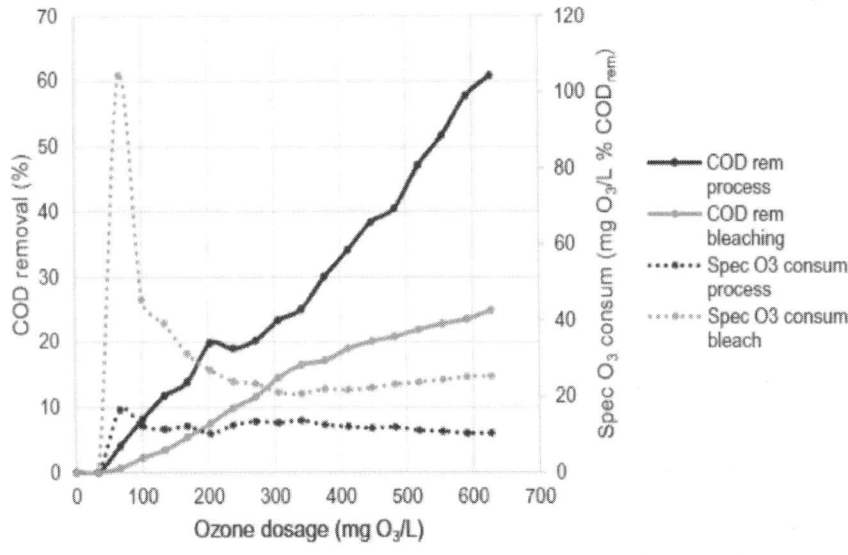

그림 4.28. 단일 폐수 라인의 오존처리에 따른 COD 제거율

생물학적 처리 전후에 따른 혼합 폐수 라인의 오존 처리 결과는 다음 그림과 같다.

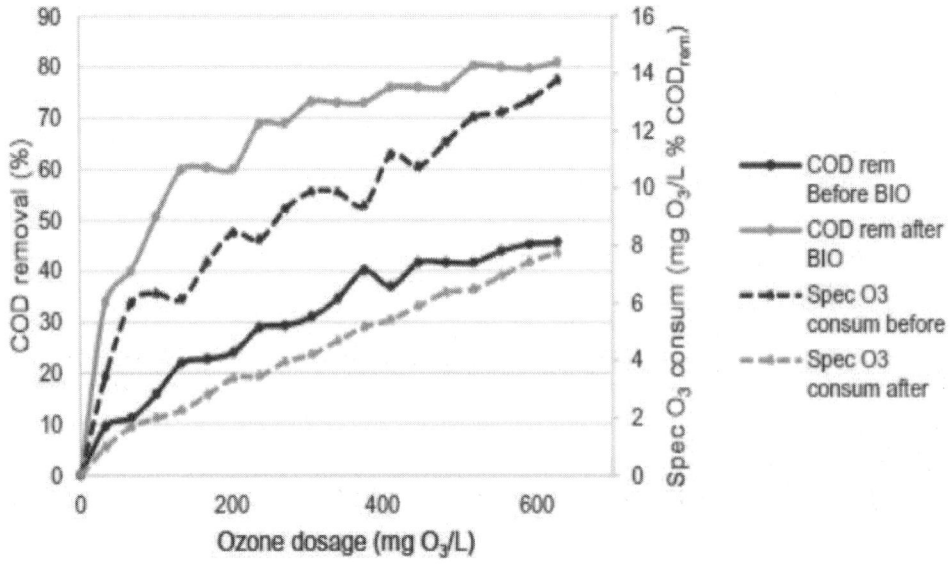

그림 4.29. 생물학적 처리 전후 오존처리에 따른 혼합 폐수라인의 COD 제거율

오존 생산 속도 (40g O_3/h, 80g O_3/h)는 COD 제거율에 큰 영향을 미치지 못했으며, 따라서 위 그림 X에는 전체 실험의 평균값을 도시하였다. 생물학적 처리 전에 오존처리를 한 경우, 최대 오존 사용량에서 COD 제거율이 최대 46%, sCOD 제거율은 조금 더 낮은 42%로 나타났다. 이는 특히 표백수의 오존 처리에 따른 COD 제거율과 비교하여 더 높은 제거율을 보이는데, 다른 제지·펄프 폐수들보다 비교적 더 생분해성이 좋은 응축수의 병합으로 인한 것으로 사료된다. 응축수가 더해지면서 황화합물의 양도 증가하여 오존처리를 통해 황 역시 제거되었다. TSS 제거율은 오존에 의한 마이크로 응집의 영향으로 용해성이 감소하여 비선형적인 거동을 보였다. 반면, 생물학적 처리 후 오존처리를 한 경우 81%의 COD 제거율, sCOD도 80% 정도 제거되며 가장 높은 제거 효율을 보였다. BOD 역시 63% 이상 제거되었으며, 이차 처리 후 유출수의 낮은 TSS 농도에 따라 TSS 제거율 또한 최대 33%를 보였다. 이와 같은 실험 결과를 해당 폐수처리 플랜트에 현재 적용되고 있는 3차 물리화학적 처리와 비교하면, 오존 처리를 통한 폐수처리는 성공적인 것으로 판단된다. 현재 full-scale 물리화학적 처리를 통한 평균 COD 제거율은 50% 정도로 최종 유출수 수질 기준을 만족하기 위한 기준으로 가정했을 때, 오존 처리를 통해 제거할 경우 50%의 COD 제거율을 달성하기 위해서는 100mg O3/L이 필요하다. 오존 사용량 400mg O3/L까지는 TSS가 대체적으로 감소하는 것으로 나타나 100mg O3 /L의 오존을 사용하여 처리할 경우 최종 COD 제거와 TSS 제거를 충족하기에 충분한 것으로 판단된다. 이를 통한 경제성 분석 결과는 아래 표에 정리하였다.

표 4.18. Full-scale 오존처리 플랜트의 경제성 분석결과

Parameter	Value
Chemical consumption (€/y)	2,240,000
Chemical sludge management costs (€/y)	100,000
Total OPEX tertiary treatment (actual system) (€/y)	**2,340,000**
Ozonation electricity costs (€/y)	1,100,000
Oxygen costs for ozone production (€/y)	920,000
Chemical sludge management costs (€/y)	20,000
Total OPEX ozonation plant (€/y)	**2,050,000**
Amortization rate (€/y)	100,000
Internal Rate of Return (IRR) (%)	10.68
Net Present Value (NPV) (€)	586,701
Pay-back time (y)	7

3차 처리 연속공정에 full-scale 오존처리조 설치 시 초기 투자비용, 운전 비용, 전기 및 산소 소비량을 고려하여 분석하였다. 오존 처리는 현재 물리화학적 처리와 비교하여 연간 300,000€의 운전 비용을 저감할 수 있으며, 초기 투자에 대한 비용 회수는 7년일 걸릴 것으로 계산되었다. 또한, 오존처리의 경우 슬러지 생성이 줄어들어 슬러지 처리와 운송 비용의 감소와 더불어 환경에도 더 유익할 것으로 판단된다. 이를 통해 생물학적 처리 이후 오존 처리가 3차 폐수 처리 단위 공정으로서의 가능성을 확인하였으며, COD, 색깔, TSS 등 기준치를 충분히 만족할 수 있을 것으로 판단되었다. 기타 선행연구에 따르면, 오존은 염기 조건에서 좀더 효과적인 것으로 나타났는데 이는 OH 라디칼 평성이 증가하기 때문이다. 실제 스케일업 시스템에서는 pH 조절을 통해 공정의 효율을 높임과 동시에 오존 사용량도 저감할 수 있을 것으로 사료된다.

Magnetization 기술은 상자성의 폐수에 자기장을 가하여 물 분자의 재배열을 유도한다. 폐수는 이에 따라 표면장력과 전도도가 변화하는데, 이를 통하여 floc의 크기, 침전속도를 높이고 floc의 다양성을 낮추어 저렴하고 안정적인 폐수처리를 유도할 수 있다. 중국 Shandong Chenming group의 제지 폐수처리장 2차 처리 전단에 Fe-PA complex를 추가적으로 사용하는 Magnetization 공법을 적용하여 1000m3/d의 파일럿 스케일로 150일간 제지 폐수를 처리하였다. 폐수 처리 공정은 그림 23과 같이 Iron-based complex 투입조, 펌프(유속 4.4m/s), Mgnetizer(750mT), Fe-PA complex 처리조, 수평침전조, 응집탱크, 경사침전조로 구성되어 있다. 2차 처리조 전단에 1.3mol/L의 FeSO4 1L와 0.65 mol/L의 Polycarboxylic acid solution 1L를 첨가한 뒤, 펌프를 이용해 유속을 4.4m/s로 유지

하여 750mT의 Magnetizer를 통과하였다. Fe-PA complex 처리조에서 H2O2에 의해 분해되는 리그닌을 30℃, 30분 동안 반응시켜 Floc을 형성시켰다. 이후 과정은 침전과정을 포함하는 기본적인 2차처리 단계가 적용되었다. Al2(SO4)2는 수평침전조 이후에 floc을 다시 형성시키기 위해 투입되었고, 응집탱크에서 재응집되는 과정에 CaO를 첨가하여 pH를 맞춰 주었다. 최종적인 시스템의 성과 지표에는 CODcr, 색도, 전도성 및 경도가 포함되었으며, 각 시스템별 화학제품과 전력투입량을 포함하여 최적 운영비를 산출하였다.

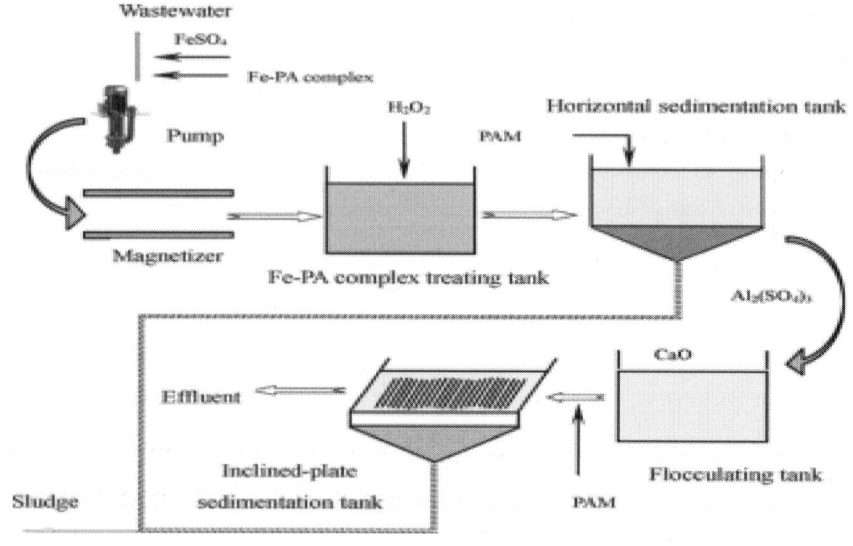

그림 4.30. Magnetization 공정 모식도

먼저 최적조건을 확립하기 위해 진행한 Magnetization의 실험 결과로, Magnetization이 폐수의 전도도, 표면장력, pH, CODcr 제거율을 향상시킬 수 있음을 보여준다. 전도도는 자기 강도가 50에서 750mT로 증가함에 따라 같이 증가하고, 이후 750에서 900mT로 증가하면 감소 된다. 유속에 따른 결과는 역동적으로 변화했다. 유속이 1.1m/s일 때 전도도는 모든 자기강도에서 일정하게 유지되었으나, 4.4m/s에서는 전도도가 급격히 증가했다. 이는 폐수 전도도가 유속과 관련 있음을 보여준다. 그래서 서로 다른 자기강도에서 폐수의 전도도를 알맞게 유지하기 위해서 높은 속도의 유속이 요구된다. 폐수의 표면장력은 모든 조건의 자기 강도와 유속에서 감소하는 것이 관찰되었다. 1.1, 2.2, 4.4m/s의 모든 유속에서 가장 낮은 표면장력은 750mT에서 얻었으며, 그 값은 컨트롤 대비 약 96.1%, 72.8%, 65.5%를 나타냈다. pH의 경우 서로 다른 유속(1.1, 2.2, 4.4m/s)에서 최대 pH는 모두 750 mT의 자력에서 얻었으며, 그 값은 각각 7.24, 7.36, 7.49였다. Magnetization 후 CODcr이 적은 양 감소 됨을 관찰하였다. CODcr의 감소 경향은 자기강도와 유속에 의해서 조절되었다. 4.4 m/s, 750mT에서 가장 높은 감소폭을 나타냈지만, 제일 적은 감소량보다 3%(330-320

mg/L) 높은 값에 불과했다. Magnetization에 의한 CODcr 제거를 위한 정확한 메커니즘은 불명확했다.

이처럼 폐수를 Magnetization 처리한 결과 CODcr 제거에 미치는 영향은 미미하였으며, 전도성, 표면장력, pH 등의 지표가 크게 변화하였다. 따라서 Magnetization의 주된 역할은 폐수의 물리적, 화학적 특성을 개선하여 폐수에서 오염물질을 제거하기 위한 후속 기술의 용량을 향상시키는 것이었다고 결론지을 수 있다.

이후 Magnetization 공법이 Fe-PA complex 과정의 추가로 처리능력이 향상될 수 있는지 판단하였다. floc의 특성을 통하여 판단하였고, floc 크기, floc 침전 속도, floc 다양성의 세가지 변수로 확인하였다. 결과는 자기강도와 유속이 floc 크기에 상당한 영향을 미친다는 것을 나타내었으며, 더 높은 자기강도는 더 큰 floc를 생성하였다. 유속의 영향의 경우 4.4m/s에서 6.6 m/s로 증가할수록 floc 크기가 감소한다는 것을 알 수 있었다. floc의 침전속도는 자기강도 증가에 따라 증가하였고, 유속 4.4m/s에서 최고 기울기를 구하였다. floc의 다양성은 안정성으로 표현되며, 낮은 RSD는 높은 안정성을 보여준다. 가장 낮은 RSD(%)는 750mT와 4.4m/s에서 얻어졌다. 결과적으로 최적 조건은 750mT와 4.4m/s로 결정되었다.

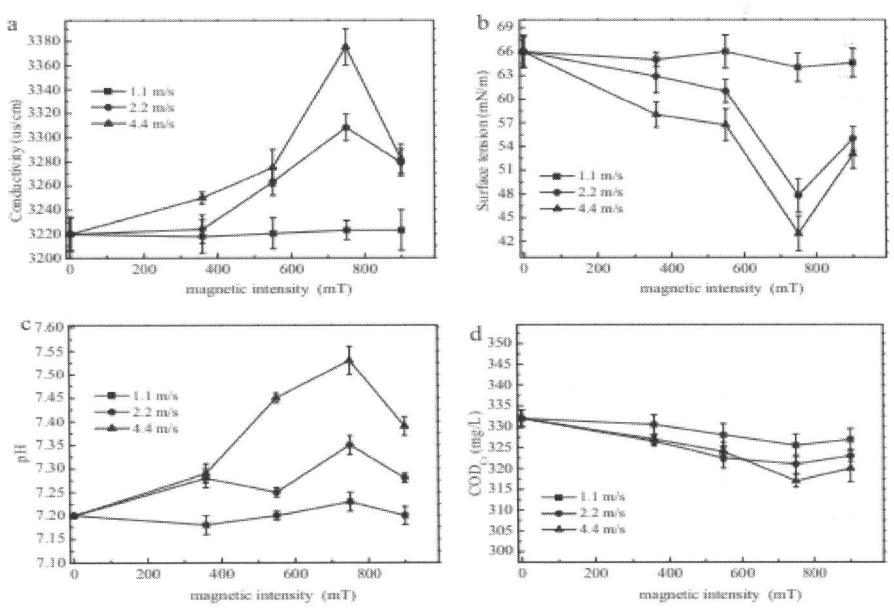

그림 4.31. 자기강도, 유속별 Magnetization 영향

표 4.19. Magnetization과 Fe-PA complex 적용

Parameters of floc size, floc sedimentation velocity and floc diversity at different magnetization conditions.

	Floc size Ratio	Floc sedimentation velocity Slope	Floc diversity RSD (%)
Magnetic intensity (mT)			
0	0.55 ± 0.022	0.001 ± 0.00002	47.6 ± 0.9
50	0.68 ± 0.013	0.00093 ± 0.00003	45.3 ± 1.9
350	0.56 ± 0.011	0.00097 ± 0.00001	51.3 ± 1.2
550	0.70 ± 0.023	0.0015 ± 0.00004	62.1 ± 0.9
750	0.81 ± 0.012	0.0019 ± 0.00001	44.6 ± 1.4
900	0.83 ± 0.032	0.0020 ± 0.00003	52.0 ± 1.3
Water velocity (m/s)			
0	0.57 ± 0.032[a]	0.0013 ± 0.00005	47.6 ± 1.4
1.1	0.75 ± 0.040	0.0016 ± 0.00004	52.1 ± 1.1
2.2	0.73 ± 0.013	0.0014 ± 0.00003	50.3 ± 0.8
4.4	0.81 ± 0.031	0.0019 ± 0.00005	44.6 ± 2.1
6.6	0.65 ± 0.022	0.0016 ± 0.00002	60.2 ± 1.6

[a] The error bar represents the standard deviation of replicate results ($p < 0.05$).

Magnetization 후, Fe-PA complex 공정에서 폐수의 CODcr 제거율은 점차 최대치(75.5%)에 근접하여, 30분에 최대치를 얻은 반면, Magnetization 되지 않은 폐수는 35분에 최대치를 얻었다. 이는 Magnetization 과정이 Fe-PA complex 공정에서 CODcr의 제거를 가속화 했음을 나타낸다. 이와 함께 Magnetization에 의한 폐수의 전처리는 Fe-PA complex의 사용량을 감소시켰다. Magnetization 된 폐수의 CODcr 제거율은 Fe-PA complex 0.6mmol/L에서 최대였으나, Magnetization되지 않은 폐수의 경우 최적 용량은 0.65mmol/L로 나타났다. Magnetization에 의한 폐수 전처리 시 Fe-PA complex를 약 7.7%를 절감할 수 있는 것으로 나타났다.

파일럿 스케일 테스트의 설계 규모는 1,000m^3/d였다. Magnetization과정 및 Fe-PA complex는 파일럿 스케일 시스템의 전단에 설치되었고, 그 뒤에 침전 탱크를 포함한 컨벤션 트리팅 과정이 설치되었다. 시스템은 약 5개월 동안 운영되었다. 운영하는 동안 펄프 및 제지 업종 폐수에 대한 처리 효과가 안정적이라는 결과가 나왔다. 시스템의 성과 지표에는 CODcr, 색도, 전도성 및 경도가 포함되었다. 폐수의 원래 지표는 각각 CODcr 약 295-330mg/L, 색도 320-350배, 전도도 3270-3356s/cm, 경도 317-349mg/L였다. 파일럿 스케일 테스트 이후 이 지표들은 CODcr 40-53mg/L, 색도 6-10배, 전도도 3421-3508s/cm, 경도 132-149mg/L로 감소하였다.

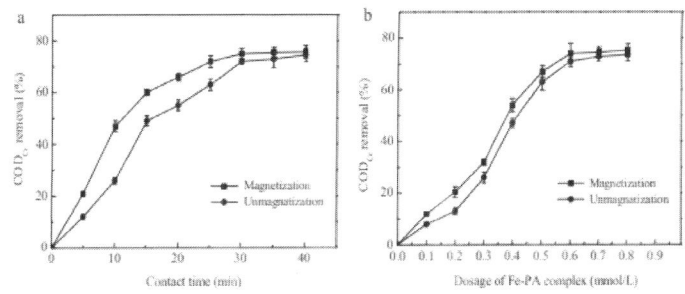

그림 4.32. Magnetization 조건 유무에 따른 CODcr 제거율

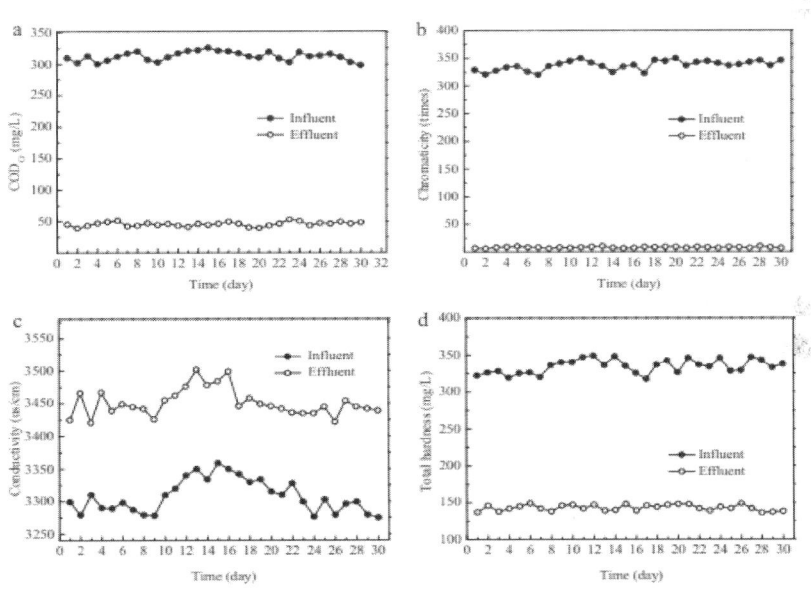

그림 4.33. Magnetization 파일럿 스케일 테스트 결과

파일럿 스케일 시스템 이후의 CODcr 제거율은 약 83.9-86.4였는데, 그중 Magnetization 및 Fe-PA complex 과정이 약 75.5%를 달성하였다. 이는 Magnetization와 Fe-PA complex 기술이 CODcr을 제거하는 데 중요한 역할을 했다는 것을 나타낸다. 파일럿 스케일 테스트의 운영비용을 평가하였으며, 화학제품과 전력을 포함한 총 운영비는 약 0.84 RMB/m^3(0.13 US\$/m^3)로 펄프 및 제지업종 폐수의 처리를 위해 산업 규모로 수용될 수 있는 것으로 나타났다.

TOC를 포함하여 지속적으로 강화되는 수질 기준을 만족하기 위해서는, 앞서 설명한 연구들과 같이 공정들을 적절하게 연계하여 처리효율을 높이는 것이 중요하다.

에듀컨텐츠·휴피아
CH Educontents·Huepia

참고문헌

- 국립환경과학원, 펄프·종이 및 판지 제조업의 환경오염방지 및 통합관리를 위한 최적가용기법 기준서, 2019
- 신항식 외, 폐수처리공학, 제5판, 동화기술, 2016
- 환경부, 환경오염 배출업소 조사결과, 2018
- Abedinzadeh, N., Shariat, M., Monavari, S. M., &Pendashteh, A. (2018). Evaluation of color and COD removal by Fenton from biologically (SBR) pre-treated pulp and paper wastewater. Process Safety and Environmental Protection, 116, 82-91.
- Abn, ji-Whan, Characteristics of Wastewater from the Pulp.Paper Industry and its Biological Treatment Technologies, The Korean Institute of Resources Recycling, Volume 18, 2009, p16-29
- Amare, Dagnachew Eyachew, Moses Kolade Ogun, and Ina Körner. Anaerobic treatment of deinking sludge: Methane production and organic matter degradation., Waste management, 2019
- An, S. W., Jung, H. S., Lee, H. K., Myung, D. W. & Go, J. G., Optimal condition of TOC removal parameter for sewage effluent using electrolysis process, , Journal of the Korean Geoenvironmental Society, 2017
- Blanco, J., Torrades, F., Morón, M., Brouta-Agnésa, M., & García-Montaño, J., Photo-Fenton and sequencing batch reactor coupled to photo-Fenton processes for textile wastewater reclamation: Feasibility of reuse in dyeing processes, Chemical Engineering Journal, 2014
- Bo Liu, Baoyu Gao, Xing Xu, Wei Hong, Qinyan Yue, Yan Wang, Ying Su, The combined use of magnetic field and iron-based complex in advanced treatment of pulp and paper wastewater, Chemical Engineering Journal, Volume 178, 2011.
- Buzzini, A. P., & Pires, E. C. (2002). Cellulose pulp mill effluent treatment in an upflow anaerobic sludge blanket reactor. Process Biochemistry, 38(5), 707–713.
- Clever, M., Jordt, F., Knauf, R., Räbiger, N., Rüdebusch, M., & Hilker-Scheibel, R. (2000). Process water production from river water by

- ultrafiltration and reverse osmosis. Desalination, 131(1-3), 325-336.
- De Gioannis, G., Muntoni, A., Polettini, A., & Pomi, R. (2013). A review of dark fermentative hydrogen production from biodegradable municipal waste fractions. Waste Management. https://doi.org/10.1016/j.wasman.2013.02.019
- Dorotani, Application of Methane Fermentation Anaerobic Treatment Technology in the Pulp amd Paper Industry, Japanese journal of paper technology(G276), Volume 47, 2004, p25-29
- Ekstrand, E. M., Larsson, M., Truong, X. B., Cardell, L., Borgström, Y., Björn, A., ... & Karlsson, AMethane potentials of the Swedish pulp and paper industry - A screening of wastewater effluents, Applied Energy, 2013
- Farooqi, I.H., Treatment of Adsorbable Organic Halide (AOX) from pulp and paper industry wastewater using aerobic granules in pilot scale SBR, Journal of Water Process Engineering, Volume 19, 2017, p60-66
- Guo, K., Shang, Y., Gao, B., Xu, X., Lu, S., & Qi, Q. (2018). Study on the treatment of soybean protein wastewater by a pilot-scale IC-A/O coupling reactor. Chemical Engineering Journal, 343, 189-197.
- I. Karat, Advanced Oxidation Processes for Removal of COD from Pulp and Paper Mill Effluents, M.S. Thesis, Royal Institute of Technology, 2013.
- Jaafarzadeh, N., Ghanbari, F., Ahmadi, M., & Omidinasab, M. (2017). Efficient integrated processes for pulp and paper wastewater treatment and phytotoxicity reduction: permanganate, electro-Fenton and Co3O4/UV/peroxymonosulfate. Chemical Engineering Journal, 308, 142-150.
- Jia, S., Han, H., Zhuang, H., &Hou, B. (2016). The pollutants removal and bacterial community dynamics relationship within a full-scale British Gas/Lurgi coal gasification wastewater treatment using a novel system. Bioresource technology, 200, 103-110.
- Kamali, M., & Khodaparast, Z. (2015). Review on recent developments on pulp and paper mill wastewater treatment. Ecotoxicology and Environmental Safety, 114, 326-342.
- Kamali, M., Gameiro, T., Costa, M. E. V, & Capela, I. (2016). Anaerobic digestion of pulp and paper mill wastes-An overview of the developments and improvement opportunities. Chemical Engineering Journal, 298, 162-182.
- Kamali, M., Gameiro, T., Costa, M. E. V., & Capela, I., Anaerobic digestion of pulp and paper mill wastes - An overview of the developments and improvement opportunities, Chemical Engineering

- Journal, 2016
- Karat, I., Advanced Oxidation Processes for Removal of COD from Pulp and Paper Mill Effluents, M.S. Thesis, Royal Institute of Technology, 2013.
- Lecheng L.,Guohua, C.,Xijun,H., Yue, P. L., Homo-geneous catalytic wet air oxidation for the treatment of textile wastewater, water environ. Res, 2000
- Liang, J., Mai, W., Wang, J., Li, X., Su, M., Du, J., ... &Wei, Y. (2021). Performance and microbial communities of a novel integrated industrial-scale pulp and paper wastewater treatment plant. Journal of Cleaner Production, 278, 123896.
- Lottio, Adriana Maria, Umberto Fratino, Giovanni Bergna, & Claudio Di Iaconi, Integrated biological and ozone treatment of printing textile wastewater, Chemical Engineering, 2012
- Mainardis, M., Buttazzoni, M., De Bortoli, N., Mion, M., & Goi, D. (2020). Evaluation of ozonation applicability to pulp and paper streams for a sustainable wastewater treatment. Journal of Cleaner Production, 258, 120781.
- OECD, Best Available Techniques (BAT) for Preventing and Controlling Industrial Pollution, 2020
- Oller, S Malato, & J A Sánchez-Pérez, Combination of Advanced Oxidation Processes and biological treatments for wastewater decontamination—a review, Sci. Total Environ., 2011
- Persoone, G., Marsalek, B., Blinova, I., Törökne, A., Zarina, D., Manusadzianas, L., ... &Kolar, B. (2003). A practical and user-friendly toxicity classification system with microbiotests for natural waters and wastewaters. Environmental Toxicology: An International Journal, 18(6), 395-402.
- Petrinic, I., Korenak, J., Povodnik, D., & Hélix-Nielsen, C. (2015). A feasibility study of ultrafiltration/reverse osmosis (UF/RO)-based wastewater treatment and reuse in the metal finishing industry. Journal of Cleaner Production, 101, 292–300.
- Puyol, D., Mohedano, A. F., Sanz, J. L., & Rodriguez, J. J. (2009). Comparison of UASB and EGSB performance on the anaerobic biodegradation of 2, 4-dichlorophenol. Chemosphere, 76(9), 1192–1198.
- Qiu, R., Ferguson, J. F., &Benjamin, M. M. (1988). Sequential anaerobic and aerobic treatment of kraft pulping wastes. Water Science and

- Technology, 20(1), 107-120.
- Toczyłowska-Mamińska, R. (2017). Limits and perspectives of pulp and paper industry wastewater treatment-A review. Renewable and Sustainable Energy Reviews, 78, 764-772.
- WTMS, 대상사업장 폐수배출시설 인허가증, 2016
- Xu, R., Adsorbable organic halogens in contaminated water environment: A review of sources and removal technologies, Volume 283, 2021, 124645
- Yan, X., Zhu, C., Huang, B., Yan, Q., & Zhang, G. (2018). Enhanced nitrogen removal from electroplating tail wastewater through two-staged anoxic-oxic (A/O) process. Bioresource Technology, 247, 157-164.
- Zhuang, H., Cheng, Z., Shan, S., Shen, H., & Zhao, B. (2020). Demonstration on the treatment of paper-making wastewater by a full-scale IC-A/O-membrane reactor system for reclamation. Journal of Chemical Technology & Biotechnology, 95(12), 3161-3168.
- Zwain, H. M., Hassan, S. R., Zaman, N. Q., Aziz, H. A., & Dahlan, I., The start-up performance of modified anaerobic baffled reactor (MABR) for the treatment of recycled paper mill wastewater, Journal of Environmental Chemical Engineering, 2013

에듀컨텐츠·휴피아
Educontents·Huspia

수질오염 방지기술

초판1쇄 발행   2024년 6월 28일

저　　자	김상현 ◆ 著
발 행 처	도서출판 에듀컨텐츠휴피아
발 행 인	李 相 烈
등록번호	제2017-000042호 (2002년 1월 9일 신고등록)
주　　소	서울 광진구 자양로 28길 98, 동양빌딩
전　　화	(02) 443-6366
팩　　스	(02) 443-6376
e-mail	iknowledge@naver.com
web	http://cafe.naver.com/eduhuepia
만든사람들	기획 · 김수아 / 책임편집 · 이진훈 김민지 정민경 하지수 디자인 · 유충현 / 영업 · 이순우
I S B N	978-89-6356-461-6 (93530)
정　　가	15,000원

"본 연구는 환경부의 통합환경관리특성화대학원 사업의 지원을 받았습니다.",
"This work is financially supported by Korea Ministry of Environment(MOE) Graduate School specialized in Integrated Pollution Prevention and Control Project."

관리번호 : 2024-002호

본 교재는 환경부의 통합환경관리 전문인력 양성사업으로 지원된 것입니다.